創業家如何急流勇退

大退場

FINISH BIG

HOW GREAT ENTREPRENEURS EXIT THEIR COMPANIES ON TOP

BO BURLINGHAM
鮑・柏林罕——著
洪慧芳——譯

目次

謹獻給我的摯愛麗莎，
以及傑克和瑪麗亞、凱特和麥特，
還有歐文、琪琪、菲奧娜和杰克，
因為家庭就是一切。

前言

什麼？要我現在考慮賣掉公司？

你應該把公司打造成：好像要擁有一輩子、但明天就可以賣掉的狀態

每個創業的人都有退場的一天，那是經營事業中少數幾個必然會發生的事情之一。假設你把公司經營得有聲有色，你可以選擇何時及如何退場，但你還是無法選擇要不要退場，那是遲早都會發生的事。

然而，許多企業主卻是在驚愕中領悟這個簡單的事實，可見相對於其他面向，事業經營的最後階段鮮少獲得應有的關注。你上網搜尋企業行銷、財務、客服、管理或文化，會看到汪洋大海的資訊；相較之下，與退場有關的資訊有如涓滴細流，而且幾乎都是在談出售企業時該如何盡量拉高售價。但退場能否圓滿畫下句點，還涉及許多其他的面向，而且這些面向更加重要，也就是說，你能不能退得漂亮，主要是看這些面向而定。

至少這是我記取的教訓。我開始寫這本書時，對企業退場的了解不多。我在《企業》（*Inc.*）雜誌任職的三十多年裡，也很少注意到這個主題。之所以開

始關注這個議題——我猜很多《企業》雜誌的讀者也是如此——是因為我和資深創業家諾姆・布羅斯基（Norm Brodsky）合寫了一系列專欄，談到有人出價收購他的倉儲事業「城市倉儲」（CitiStorage）公司。

布羅斯基和我從一九九五年起，每個月為《企業》雜誌撰寫「江湖智慧」（Street Smarts）專欄（我們也合寫了《師父》一書）。雖然他常提到總有一天會把城市倉儲賣掉，但他把公司經營得有聲有色，樂在其中，我一直以為那家公司即使要賣，也是很久以後的事。所以二〇〇六年夏季他告訴我他正在和潛在收購者認真洽談時，我大吃一驚。

什麼條件下，你會願意賣掉一手打造的事業？

在此不久前，布羅斯基參加一場產業大會，在會場上認識一位私募股權公司的合夥人，那個人正好也是其競爭對手的大股東，他問布羅斯基，什麼條件願意出售城市倉儲。布羅斯基隨口開了一個覺得沒人會想付的天價，想不到對方當場說好，眼睛連眨都沒眨一下。

布羅斯基於是又說，要買城市倉儲，必須連另外兩家關係企業一起買下才行——運輸公司和檔案銷毀公司，對方也說沒問題，於是他們後續又談了幾次。布羅斯基告訴我，他正在等潛在買家遞送「意向書」（letter of intent，簡稱ＬＯＩ），列出他們達成的初步認知。他預計很快就會做「實質審查」（due diligence）了——亦即買家在買賣協議以前所做的深入調查。

布羅斯基不確定討論的結果如何，但他說這可能是千載難逢的好機會。他們談的收購價不僅夠他和兩個小股東獲得不錯的報償，還可以跟管理團隊及員工一起分享。他也覺得以他當時六十三歲的年紀，再加上二〇〇六年公司還可以賣到罕見的高價，這種出售時機可說是再恰當不過了。我跟《企業》雜誌的編輯羅倫·費德曼（Loren Feldman）提到布羅斯基的說法，他建議我們把這筆交易寫進專欄裡。我轉達編輯的建議時，布羅斯基說：「好啊，有何不可呢？」

當時我們兩個都不知道自己答應了什麼差事，結果我們為該筆交易寫了不止一回專欄，而是連載了九個月，以近乎實況報導的方式，記錄整個戲劇化的過程。以前從來沒出現過類似的報導，以後也不太可能再出現。布羅斯基自己在專欄連載結束後也坦言，我們剛開始寫時，他其實覺得最後不會成交。他說，要是他事前知道我們會對全世界巨細靡遺地揭露整個出售過程，他當初應該不會答應寫那個專欄。

不過，一旦開始寫了，就很難喊停，尤其我們後來發現專欄吸引了越來越多殷殷期盼「下回分解」的讀者。有一度，布羅斯基還邀請讀者來信建議他該不該繼續談那筆生意，結果我們收到了數百封電子郵件。有些人甚至在街上或會議上遇到他，還會詢問他有什麼最新發展是雜誌尚未刊登出來的。

整起事件經歷了多次峰迴路轉，其中最令人跌破眼鏡的是結局。經過多番考慮和討論之後，布羅斯基終於決定出售事業了，當時那個專欄已經熱門到連《企業》的總編輯珍・貝倫森（Jane Berentson）都決定，要把布羅斯基宣布賣出的結果，登上雜誌封面。不過，就在布羅斯基簽約的前幾天，他突然獲知買方的最終決策者，是他最不信任的人，買方自始至終沒提起這個重要資訊。這個情況以及買方的刻意隱瞞，使布羅斯基開始懷疑買方收購後能否履行承諾，善待他的員工。最後，出乎眾人意料，布羅斯基決定臨時喊卡，公司不賣了，連他自己也嚇了一跳。

雜誌專欄上的實況連載就這樣畫下句點，但故事並未就此結束。布羅斯基和合夥人後來在經濟開始陷入大衰退（Great Recession，指二〇〇七年金融危機所引發的經濟衰退）之際，把公司的多數股權賣給了所謂的「商業發展公司」（business development company, BDC）*。儘管這次的出售也幾經波折，但並未公開，所以大眾不得而知。然而，專欄連載所掀起的反應熱潮讓我意識到，商學相關的著作資料，與出售事業的真實體驗之間，有極大的落差，顯然很多企業主對出售事業一無所知。

退場，不止是幫公司賣個好價錢而已

對我來說這也是全新的領域，在此之前，我對退場流程只有概略的了解，從未仔細想過何時、如何、為什麼要退場，以及退場是什麼感受。我本來以為退場只是旅程的終點，我對沿途的過程比較感興趣，例如經營事業過程中的體驗、發現、所遭遇的困境，以及種種歡樂傷悲。我也一直把退場視為一個選項，而不是必然；我以為退場和套現有關，也覺得套現無異於放棄經營。

我寫過很多文章和三本書談創業家，他們幾乎都沒什麼興趣退出事業，大都專注心力打造基業長青的卓越公司。有些業主寧可放棄九位數的收購提案，也不願冒一絲風險，讓自己的公司落入不肖之徒手中。

然而，隨著歲月流轉，年紀漸增，我和許多業主都逐漸明白，我們別無選擇，這個風險遲早都得面對，畢竟人不可能長生不老。業主能做的最好打算，是規畫順利的接班和易手程序，提高公司在他們離開之後繼續蓬勃發展的機率。

但是該怎麼做？該從哪裡開始？又該在什麼時候開始呢？你有什麼選項？你該要求多少財務報酬？有沒有值得參考的典範？該注意哪些陷阱？如果你打算交棒，如何辨識合格的潛在接班人？如果你打算出售，如何辨識合格的買家？你需要哪種外在的協助？你應該對公司的其他人透露多少資訊？離開公司後，你要做什麼？諸如此類的問題，不勝枚舉。

＊譯註：商業發展公司是美國一九四〇年投資公司法下的一種封閉式投資公司型態，創設目的是為了協助小型企業初期階段的成長。它與創業投資基金十分類似，最大差異是ＢＤＣ允許較小規模及非經認可的投資人投資新興公司。

我開始仔細琢磨退場議題時，發現它比我原本想的還要複雜。退場不是一件發生的事情，而是企業經營的一個階段，就像草創時期也是一個階段。退場階段一如草創時期，有很多因素會影響退場過程是否平順。在這方面，退場的圓滿與否，有多種不同的定義。

總之，以上是我直覺想到的東西。當然，我讀過的相關書籍文章都說，只要業主盡可能拿到最高售價，就算是退得漂亮。但是那些書籍文章都不是親身經歷退場流程的業主所寫的，布羅斯基的經驗顯示，退場絕對不是只有「高價賣出」這個單一目標。我不禁好奇其他業主的退場經驗究竟是什麼樣子，於是我決定一探究竟。

想要瀟灑退場，你需要……

往後的三年間，我訪問了數十位曾經出售事業、正在出售階段，或是正準備退出事業的企業主，親自拜訪或透過電話做了上百次深入訪談。雖然我很快就發現每個退場經驗都不一樣，但顯然有些人的情況比其他人好很多。

我所謂的好很多，是指有些人很滿意退場的過程和結果，有些人覺得那是痛苦的回憶，對結果感到後悔、失望。於是我不禁想問，為什麼會這樣呢？退得漂亮的人究竟做了哪些事情，導致結果和那些退得很糟的人不一樣？

我必須先釐清「退得漂亮」應該符合哪些條件。我發現，多數人認為要有四個要素：

一、業主認為自己在退場過程中，獲得公平的對待，他們為事業投注的心血以及為創業承受的風險，也都拿到了應得的報償。

二、業主有成就感，也能在回顧這段經歷時，覺得自己透過經營事業對世界有所貢獻，也從中獲得樂趣。

三、業主對那些幫他們打造事業的人將要發生什麼事了然於胸，平靜面對，包括他們的待遇、獎勵，以及他們在業主退場的經歷中，會減弱什麼。

四、業主在事業之外找到新的目標，充分投入令他們興奮的新生活。

對有些人來說，還有第五項要素：

五、公司在他們離開後更加蓬勃發展。他們對於自己完成了交棒任務（執行長的最大挑戰）引以為榮。

至於退得難看的人，則很難概括而論，因為有些人難以接受的結果，對其他人來說不見得那麼嚴重。但我發現，有以下情況時，幾乎每位業主都認為退場經驗很糟：退場過程不公平、未獲得應得的報酬、覺得他們打造的事業被毀了、員工受到苛待，或是業主感到全然的迷惘，不知道接下來該做些什麼。

那些退得漂亮的人，有八個共通點可以學

那麼，那些退得漂亮的業主，是怎麼為自己的離開預作準備的？有什麼模式可循嗎？我從數十位業主的身上歸納出八個共通點，並將逐章探討這些特質。

第一項特質和我在許多傑出創業家身上看到的一樣，包括一些我在《小，是我故意的》裡面所寫的特質。他們都非常了解自己及創業的目的。

第二，漂亮退場的業主很早以前就很清楚，光是把事業經營起來、讓它穩定發展還不夠。事實上，多數企業是賣不出去的。這些業主為了幫公司創造市值，學會從潛在買家或投資人的角度來審視自己的事業。

第三，他們給自己很多時間去準備退場（是好幾年，而不是幾個月），持續開發不同的選項，以免自己或繼承者陷入不得不賤賣事業的窘況。

第四點不見得適用在所有業主身上，但是對多數業主來說很重要，包括那些對自己的公司期許

甚高的業者。我是指接班——具體來說，是把公司交棒給對的人。

第五，滿意退場結果的業主都有人從旁協助，他們不僅有收購企業的專業人士幫忙處理退場事宜，也多方傾聽其他業主分享的退場心得和經驗教訓。

第六，業主仔細思考過他們對員工和投資人應盡的責任。雖然每位業主得出的結論不盡相同，但漂亮退場的業主都認真思考過這個議題，也對自己的決定感到放心。

第七，這些業主事先知道買家是誰，以及買家收購的動機。事先未搞清楚買家來頭的業主，事後得知買家的實際打算時，往往悔不當初。

第八，漂亮退場的業主對事業出售後的人生早有盤算，所以比較能夠從叱吒風雲的大老闆，轉型成一般老百姓的生活。

我覺得第八點最能解釋那些受訪創業家的巨大差異，我不禁覺得，現在及未來的企業主，要是能早點知道這一點，一定能從中受益。但話又說回來，我寫這本書的目的，並不是要提供退場指南，而是藉由那些過來人的退場經驗，說明退場的過程。

有不少受訪的企業主符合上述條件，優雅地退出事業。有些故事值得大家借鑑，因為我們往往可以從別人的經驗中記取教訓，避免重蹈覆轍。書中的多數實例，我都可以透露當事人的真實姓名和公司。不過，有些例子基於當事人的合約規範，或是為了避免給相關人士帶來無端的傷害，所以改採化名的方式。遇到化名的情況時，我會特別標示出來。除了改名以及改變某家公司的明顯特徵外，本書提到的細節一切屬實。

隨時能賣掉的企業，更有機會基業長青

這本書就像《小，是我故意的》，裡面提到的都是非上市的私人企業，唯一的例外是第五章的凱登斯（Cadence），它比較像是準上市公司（quasi-public）。事實上，其中有三家公司曾經出現在《小，是我故意的》裡：辛格曼（Zingerman's）、城市倉儲與艾科（ECCO）。

我刻意避開了一些議題，例如代代相傳的家族企業所面臨的接班挑戰（這方面可以在別處找到許多相關資訊），我也沒去提那些把事業經營當成維持生計來源的微型事業（微型事業大都賣不出去，即使賣得出去，業主賣的其實是工作，而不是公司）。不過，我覺得家族企業和個體戶創業家，還是能從本書收錄的故事中，找到許多感同身受的內容。

聽那些受訪的企業家談起親身經歷時，我常想起商場上的一句老話：「你應該把事業打造成有如要擁有一輩子、但明天就可以賣掉的狀態。」我有幸認識的卓越創業家大都恪守這句格言。偶爾和我一起合撰的作家傑克·史塔克（Jack Stack）也是春田再造控股公司的老闆*（後來他把公司賣給員工了）。他打過一個比方：那就像你短期內毫無搬家的打算，但依然會努力維持房產的市場行情（修補屋頂、增加房間、定期粉刷等等），同樣的道理也適用在企業上。妙的是，你越是把企業

打理成隨時可賣的狀態，公司就越能永續經營，你漂亮退場的機率也越高。

當然，你可能跟多數創業家一樣，不想現在就思考退場的議題。幸好，退場契機通常會持續很久，當你終於開始規畫時，很可能意外發現那個準備流程，幫你把企業打造得更好。維朗公司（Videolarm）的雷・帕加諾（Ray Pagano）二〇〇四年開始準備未來的退場事宜時，就是發現這點，這家公司的體質改善又快又好，讓他後悔沒早點開始為退場做準備。

＊編按：春田再造控股公司（SRC Holdings Corporation），其前身是位於美國密蘇里州的春田市的春田再造公司（Springfield ReManufacturing Corporation, SRC），曾被美國《商業周刊》譽為「管理上的麥加聖地」，第四章對這家公司會有更進一步的說明。

｜ 第1章 ｜

經營事業，要從終點開始

現在思考你的退場計畫，正是時候

在維吉尼亞州德爾塔維爾（Deltaville）的帆船岬碼頭（Regatta Point Marina），氣溫開始飆升。剛在切薩皮克灣（Chesapeake Bay）完成三週處女航的「美麗人生號」（Bella Vita），靜靜地停泊在專屬碼頭岸邊，遊艇內頗為涼爽。

一位電子專家正在測試控制面板，帕加諾穿著T恤、短褲、拖鞋，帶著來賓參觀他的遊艇。他說：「這裡的便利設施一應俱全，可能比我們需要的還多。」六十八歲的帕加諾一身古銅色的結實身材，帶著靦腆的微笑，介紹這艘全新六十英尺的塞勒涅遊艇（Selene Ocean Trawler），那是中國造船廠為他量身打造的。

這是他出售三十五年前創辦的維朗公司後，送給自己的大禮。這份大禮確實相當精緻高檔，採用華美的櫻桃木鑲板、花崗岩衛浴，船頭到船尾的每個客艙，都配備雙人床。

帕加諾顯然正在享受和船名一樣的美麗人生，身上沒有一絲多數業主出售公司後所留下的遺憾或懊悔。事實上，他的退場可說是所有的人夢寐以求的完美結局——部分原因是以前的員工大都仍留在公司工作。「每次我去公司坐坐，他們都熱切地歡迎我。」他說，「我覺得又驚又喜，遠比我預期的更好，我想我應該做對了什麼，所以我問自己，關鍵究竟是什麼？」

沒有我，公司也能好好營運嗎？

為了回答這個問題，我們必須回到二〇〇四年帕加諾開始認真思考退休生活的時候。當時維朗公司創立了二十八年，在製造監視器外殼方面是業界的領導者。一九七六年，三十三歲的帕加諾開發出一種類似路燈的外殼，使用遠比其他戶外監視器還小的電動機，轟動了業界。不過，後來他又花了八年時間，才說服監視器大廠採用他的設計。這段時間他靠著安裝及提供保全諮詢勉強度日，直到他終於拉到當時監視器大廠RCA公司的訂單。他只需要先獲得一家大廠的青睞就夠了，等RCA證實他的產品一如預期般好用以後，他乘勝追擊，又簽下索尼、松下、東芝等大廠。

接下來的二十年，維朗公司的專利設計成了業界標準，二〇〇四年已相當普及，同時，公司的年營收達到一〇四〇萬美元，員工四十二人，這時帕加諾剛滿六十一歲，已經準備好展開人生的下一階段。他還有其他的興趣和熱情想要追求，但能追求的時間已經不多，於是決定該好好思考退場事宜了。

但怎麼做呢？他很早以前想過，家裡的三個子女中，或許有一人會繼承他的事業。但後來他逐漸明白，子女都沒有意願，所以公司可能需要出售，尋求合併機會，抑或是找別人來經營，不過他不希望公司賣掉後還得守在公司裡無法抽身。

他告訴顧問蓋瑞・安德森（Gary Anderson）：「我不要收益外購法（earnout）*，我想賣了就離開，我這輩子除了經營公司，還有其他想做的事情。」安德森是在帕加諾加入的執行委員會分會裡擔任分會長**。就在那一年，一家競爭對手來找帕加諾談收購案，並開了一個價碼。帕加諾詢問安德森的看法，安德森認為他把公司改變一下，可以賣到更高的價格。

當時維朗公司是由創業者自營的典型公司，基本上是採「賢明獨裁制」，整個事業都是繞著帕加諾運轉，他事必躬親，緊密地監督底下的管理者。這樣的公司，內部的溝通肯定是由上而下，財務資訊管控嚴密，財務長珍妮・史柏汀（Janet Spaulding）也不准跟其他員工分享財務資訊。每個重

---

*譯註：當交易雙方對價值和風險的判斷不一致，所以把傳統的一次性付清方式，轉變成按照未來盈利表現，來分期支付收購價的協議。

**譯註：執行委員會（The Executive Committee，簡稱ＴＥＣ），現更名為偉事達國際（Vistage International），是中小企業主和執行長一起組成的會員組織。

要決策都是由帕加諾作主，連一些不太重要的決定，他也攬在身上。公司的管理者都知道，帕加諾隨時都有可能拔除他們的管理權，史柏汀說：「大家敬他也怕他，有時畏懼的成分多於尊敬。」

其他員工對帕加諾也有同樣的感受，他們知道帕加諾關心他們，也相信他起碼有意善待員工，而且總是以身作則，要求自己也達到他要求員工的標準，尤其他還曾經因為兒子違反公司規定而親自開除兒子，以示一視同仁。帕加諾至今提起那次痛心疾首的決定時，仍然忍不住紅了眼眶。

但是獨裁管理，無論是否賢明，都可能侵蝕公司的價值。安德森在建議帕加諾如何做好出售公司的準備時也提到這點，他說：「你必須從企業中抽身，把管理團隊帶起來，賦予他們更多的職權，多指導他們，讓他們來負責營運。」

帕加諾沒有辯駁，他知道安德森說的沒錯。撇開公司的售價不談，只要他仍是公司營運的核心，潛在收購者的數量以及他自己想要的退場選項都會大幅受限。他若要以自己滿意的方式出售公司，就必須改革事業，讓公司沒有他也能好好營運下去。

第一步：公開帳目，或起碼公開部分帳目

根據他自己做的功課，他認為一開始他需要先給公司每個人一個具體的理由，讓他們去承擔更多的責任。他覺得用虛擬股票（phantom stock）可以達到這點，這麼做可以讓大家因為持股增加而

受惠，又不需要直接發給他們股權或購買股票。所有的員工，包括裝配線工人和辦公室人員，都會拿到「股份」，股份多寡則根據每個人的薪水以及對公司長期營運的重要性來決定。他向TEC的組員透露這個想法時，多數成員都覺得他瘋了，但他堅信這麼做是正確的，所以毅然推出計畫，並向員工解釋，有人收購維朗公司時，虛擬股票可讓他們分享部分的出售價格。

員工聽了以後，都不知道該怎麼解讀老闆這番作為。帕加諾向來以小氣出名，很多員工覺得虛擬股票計畫只是想騙他們更努力工作罷了，所以他們要嘛聽聽就算了，要嘛把它當成笑話。史柏汀說：「對我們來說，那跟假鈔沒兩樣。」

但帕加諾是認真的，認真到自己推出刪節版的「公開帳目管理」（open-book management）課程，指導員工了解財務資訊，以及如何在工作上運用這些資訊。他也研讀相關書籍，雖然他無法完全效法某些力行公開帳目管理的老闆，但他深信，若要讓員工知道如何改善事業績效，從而提升公司的價值，員工需要對數字有基本的了解。所以他安排了一些會議，並在會中談論財務數字。

一開始，帕加諾先請員工估計公司的銷售額和獲利，當他得知員工推測維朗的銷售額高達上億美元，也以為他每個月淨賺數百萬美元時，他大吃一驚（當時他們的營收不到一千一百萬美元）。帕加諾因此帶著員工了解損益表和資產負債表，指出維朗這種製造商必須做的資本投資、繳納的稅金、受到的政府監管、提供的福利成本等等。

員工提出了很多問題和意見，所以帕加諾乾脆擺出一個意見箱，收集大家的意見並一一回覆。他也開始每月寫信給員工家屬，寄到員工家中，並邀請員工眷屬到公司參觀新產品，他說：「我們真的希望大家都能參與事業。」

第二步：接班計畫，得由下而上產出

帕加諾也意識到加強管理團隊非常重要，所以刻意賦予財務長、營運長、行銷長更多的自主權和職權。他也尋求TEC前分會長瑞克．侯切克（Rick Houcek）的協助。侯切克創立鷹翔公司（Soar with Eagles），專門幫企業規畫年度策略會議以及開發實施系統。

侯切克力勸帕加諾，不要只讓資深的主管參與，而是把所有的管理人員都帶去公司外面開會，讓大家一起腦力激盪公司的年度計畫。侯切克說，結果將對達成他想要的目標大有助益。於是，帕加諾宣布舉辦為期三天的公司外部活動，讓產線主管以上的管理者都一起參與，總共約十五人，由侯切克主持會議。

侯切克要帕加諾坐著聆聽就好，讓員工放言高論他們覺得公司需要什麼。帕加諾坦言，聽底下的管理者抱怨時，很難平心靜氣。但侯切克說服他先閉上嘴，讓管理者想出計畫。他要是強迫他們接受他的計畫，他們不會盡責去執行。最後，管理者討論出約三十種改善管理和績效的方法，而且每一項都有特定的計畫。此後，他們每個月都聚會一次，檢討計畫的執行結果。

第三步：給獎勵也給高目標，盈餘從八%變二一%

在此同時，公司內部也有一些其他的改變。帕加諾為全體員工設立一個激勵方案，激勵標準是達成公司的某個獲利目標，以及各部門的特定目標。這些標準都設得比過去的成果還高，帕加諾說他打算未來持續提高標準。

果然激勵計畫一推出，又引起員工懷疑，尤其是工廠的員工，但帕加諾承諾他會改革工廠，讓他們的工作變得更輕鬆。後來他做到了，工廠的生產力也開始提升。

此外，公司也落實了一些重要的策略行動，使他們增加對攝影機製造商的銷售，那是維朗公司獲利最好的業務。這些策略行動，再加上管理上的改變，成果很快就顯現在淨利上。帕加諾原本設定的公司稅前盈餘目標是八%，然後逐年提高，先增至一二%，接著一五%，再來是一八%。雖然達到一八%以後，後面的目標仍維持一八%，但公司的績效持續提升，最後達到營收的二一%，約一千九百五十萬美元。

帕加諾雀躍不已，不光是因為結果而高興，也因為他們達成目標的方式。他說：「這個系統徹底改變了我的工作，讓我可以稍微從公司抽離，而且對每個人都好，也讓公司的卓越人才可以施展他們的能耐。」

安德森看到成果時也相當佩服，他說：「這太驚人了，帕加諾變成我拿來宣傳的典範，TEC分會的會員也刮目相看。你一踏進他的公司，就可以馬上看到改革的影響。」

離開時身心舒暢，成交價還高出四倍

到了二〇〇八年初，帕加諾覺得尋找買家的時候到了。至於該怎麼做，那是我們下一章討論的主題。總之，他把維朗公司賣給了規模很大的穆格公司（Moog Inc.），而且時間點可說是這幾十年來最糟的時刻：二〇〇九年二月十三日星期五，就在雷曼兄弟（Lehman Brothers）倒閉引發金融危機的五個月後。儘管時機很糟，但維朗公司的售價（四千五百萬美元）仍是公司改革以前對手出價的四倍。

員工大都早忘了四年前帕加諾的虛擬股票計畫。在公司出售前一天，帕加諾拿出員工必須先簽署才能分享公司出售價金的文件。員工都很驚訝，當他們得知自己可分到的金額時，每個人都激動得不得了。每位裝配線工人可分到四萬美元，足以幫墨西哥老家的雙親蓋一間房子。

帕加諾感覺如何呢？他說：「身心舒暢！」

把公司賣了之後，他逐漸進入半退休狀態，忙著處理他的遊艇以及他和妻子合開的精品事業

（銷售遊艇裝飾和禮品）。他也捕魚、打高爾夫球、四處旅行，他說：「我大概只能做這些事了。」他不懷念當執行長的日子，但是對公司仍有深厚的情感，包括那裡的人和文化。維朗公司在出售之後，人事和企業文化幾乎都沒什麼改變。「很神奇的是穆格的企業文化和我們很契合，合到超乎我的預期，這讓我覺得安心，也有點得意。」

他對事情發展的結局以及過程中達成的目標都深感驕傲，「我走到哪裡都可以看到公司的產品，讓我常常想起我們是如何改變這個產業。這就像多年來看著公司發展一樣，很有成就感，我只覺得自己非常幸運，有幸能看到這一切發生，而且依然和公司的人保持聯繫，並為產品感到驕傲。」

運氣也許是因素之一，成功通常和運氣脫不了關係，但二〇〇四年帕加諾開始認真思考退場計畫時，他做的那些決定也不容忽視。他說：「公司的績效無疑改善了。不過，我們讓所有人都參與計畫時，那轉變真的很驚人。如果我真的有做對什麼，我想就是這點吧，當初沒早點做真是可惜。」

換句話說，帕加諾的公司之所以改善，是因為他真的著手去準備退場事宜，這正是其他業主可以吸取經驗的地方。

為什麼只要打算創業，就要思考退場？

對於已經創業或打算創業的人，我有一些建議：如果你從未想過最後如何退場，現在就該開始思考了。即使你認為你永遠不想出售事業也該開始思考，因為無論你打算把事業永遠留在手中、交棒給子女或員工經營，或是乾脆收起來，都不重要。為了你自己和公司著想，你應該開始思考什麼情況下你可能會離開，想辦法確保公司在某個時間點可以賣到最好的價錢。

當然，你總有一天會離開公司的，可能是所有權易手或公司停業清算，或是你早一步離開人間。總之，你一定會離開。當那一天來臨時，你準備得越周全，離開的過程將會越圓滿，起碼不會留下一個爛攤子讓別人受苦。不過，這不該是你現在就開始思考退場的唯一理由，起碼還有以下兩個理由。

第一，思考退場的過程可以促使你像帕加諾那樣，尋找及採用更好的經營方式，也會逼你自問一些從未想過的事業問題。例如，誰是潛在買家或投資人？他們重視哪些特質？哪些因素可能讓他們出更高的價格？為什麼他們可能出較低的價格？他們覺得你的事業有什麼弱點？找出弱點後，你可以努力消除那些弱點，並採取一些行動來避免弱點再現。換句話說，你會開始把公司視為產品，並想辦法把它變成頂級商品，因而打造出更卓越、更穩健的公司。

同樣重要的第二個理由是，思考退場計畫也會迫使你問一些跟自身有關的難題。尤其，你會發現你必須想清楚自己的定位、你想從事業中獲得什麼，以及理由是什麼。為這些問題找出答案的人，幾乎都對離開比較放心，他們也比較有能力在依然當老闆時，為自己和事業做出更好的決定。

當然，你可能已經知道自己當初為什麼要創業。也許你跟絕大多數的創業者一樣，是為了謀生及自己當老闆。也許除此之外你還有夢想，例如打造卓越的公司、改變整個產業、服務大眾、創造美好的工作環境、揚名立萬、幫助自己的社群，或單純只是想要達到財務獨立。

無論是上述哪一個夢想，都需要付出很多心血，要有紀律、有毅力，還得足智多謀，能隨機應變。單就這一點來說，要創建一個能獨立發展的事業很花心力，如果你能做到，那是值得讚許，但你還是需要認清一點：創業成功並非旅程的終點。

這正是我要強調的重點：打造事業是一段旅程，可能是一輩子的旅程，也可能只延續幾年。它可能是你一輩子只體驗過一次的旅程，也可能是多趟旅程之一。它可能是你一生的志業，也可能是你在追求其他目標的途中，無心插柳而開啟的副業。但有一點是確定的，這趟旅程終究有結束的一天，只不過你現在還不知道是何時結束、如何結束，以及為什麼結束罷了。

這三道問題的答案，你都有很大的影響力，只要你提前思考，而且時時謹記「創業成功並非旅程終點」就行了。事業蓬勃發展只是中點，退場才是終點。就像登山專家說的，攀登喜馬拉雅山的首要目標不是登上山頂，而是活著回來，並享受完成這趟旅程的經驗。

經營事業，應該從終點開始

對了，我不是第一個建議你應該在創業旅途中，對於偏好的終點選項有所了解的人。史蒂芬・

柯維（Stephen R. Covey）在《與成功有約》（*The Seven Habits of Highly Effective People*）裡已經提過類似的主張，他在書中提出高效能人士的七個習慣，其中一項就是「以終為始」。

這也是哈洛・季寧（Harold Geneen）的事業基本原則。季寧在一九五九到一九七七年間擔任國際電話電報公司（ITT）的執行長，他發明了現代跨國企業集團的概念。他與艾文・莫斯考（Alvin Moscow）合撰的《季寧談管理》（*Managing*）是商管書的經典，該書開宗明義就寫道：「閱讀時，你是從開頭讀到結尾。經營事業則正好相反，你必須從終點開始，然後去做所有為了到達終點該做的事。」

話雖如此，「以終為始」的內涵很容易遭到曲解，至少在企業退場方面是如此。它不見得是指你提前把旅程的最後階段做好安排，也不是指你已經訂好計畫，之後無法更動。「以終為始」是要你打從一開始就認清，你對事業的參與終究會有結束的一天，然後讓這個簡單的事實指引你未來的發展方向。雖然你做的很多決定，不見得會對最後階段有所影響，但有些決定確實會影響結果，只要你沒有養成時時謹記目標是圓滿退場的習慣，就可能衍生嚴重的後果。

大多數創業者和業主並未養成這種習慣，他們在事業的草創時期只專注於存活。有些事業從未脫離求生階段，比較幸運的業者可以進展到成長階段。但無論是哪種情況，他們都可能陷入柯維所謂的「活動陷阱」（activity trap），也就是傾向於「生活忙於埋頭苦幹、汲汲營營，到頭來卻發現，追求功成名就的階梯搭錯了牆，但為時已晚」。

生活忙於埋頭苦幹，無疑是業主無暇思考創業旅程是否真的帶領他們前往想要的終點的部分原因。他們肯定是一心只想著當前的狀況，相較於發出下一筆薪水、找到下一個大客戶、解決急迫的金流問題，思考最終目的地，似乎沒那麼急迫。而且，要想出明確的退場方案也不容易，更讓人有誘因先擱著，能拖就拖。所以大部分業主都是拖到出現某個因素，使他們不得不面對問題時，才開始思考退場事宜，但是拖到那時再想，通常選擇極其有限。

只要公司還沒賣，你就不算奔回本壘

大部分業主會犯下這種錯誤，部分原因出於他們誤以為退場只是單純的事件，而且離現在還早得很。可是退場其實是業主這趟創業之旅的關鍵階段，也是創業經驗中不可或缺的一部分。加拿大企業家約翰·瓦瑞勞（John Warrillow）說：「退場就像在馬拉松賽中衝過四十二公里的終點線，或是擊出全壘打後，奔回本壘。」他曾創立五家公司，賣了其中四家。「我覺得你在退場之前，都不算是創業家，因為你還沒經歷過整個流程，就還是站在三壘上。重點不在於創業，任何人都能創業，但是只要你還沒真正出售公司，就還沒有奔回本壘。」

無論你是否認同瓦瑞勞的論點，至少有一點是毋庸置疑的：他說，退場階段即使不比其他階段重要，起碼也一樣重要。不過，即便你讀遍創業的相關書籍文章，也可能永遠不會知道這點。關於創業的書籍和文章多如牛毛，退場的資訊卻寥寥無幾，但結局遠比開局來得重要。事實上，退場是多數創業者面臨的最大交易，對他們自己、家人、員工，以及他們關心的其他人來說影響更為深遠。那可能徹底改變他們的處境，扭轉他們回顧人生成就的方式。

瓦瑞勞就是一例，退場經驗完全改變了他的人生。他在多倫多長大，也在那裡創立了四家公司，最大的一家是瓦瑞勞顧問公司（Warrillow & Co.），專門分析「如何對中小企業行銷」，並把深入分析的資料賣給大公司。二〇〇八年他把公司賣了以後，展開新的職業生涯，當起了作家和演說家，他也因此得以偕同妻小移居法國南部三年。瓦瑞勞要是繼續經營公司，可能永遠也想不到會有這樣的發展。

退場未必是退休，而是更有選擇的自由

或者，我們也可以看看麥克．勒莫尼耶（Michael LeMonier）的例子。他投入人力派遣產業二十五年，經營過三家公司，賣掉其中兩家。第一家是位於芝加哥市中心的辦公室人員派遣公司。那家公司的創辦人在經營不善時找上勒莫尼耶，希望他能提供建議與協助。

當時勒莫尼耶是人力顧問，之前曾在大型人力公司上班多年。他同意買下那家公司四九％的股權，並幫忙扭轉營運困境。十八個月後，公司轉虧為盈，相較於當初的投資，他拿到十四倍的獲利。

接著，他和另一家瀕臨倒閉的芝加哥人力公司也做了類似的交易，以二千五百美元的低價取得五〇%的股權。後續的六年間，他把該公司的規模從五名員工拓展成六百人，從營收十二萬五千美元變成一千一百萬美元。然後他買下原來那個老闆的股權，再以五百萬美元把公司賣給一家公開上市的人力公司——這個報酬率近乎原始投資額的兩千倍。

這筆交易改變了一切，勒莫尼耶說：「第一次出售公司是結束合夥關係，那感覺很棒，但僅止於此。第二次出售公司則是大豐收，對我來說，那是達到財務自由的終點線，從此我就有選擇的自由了。我可以隨心所欲地決定，我要在下個事業（亦即我現在的工作）投入多少時間、投入到什麼程度、要做多久，這就是自由。」

或者，我們來看貝瑞・卡爾森（Barry Carlson）的例子。一九九六年他與人合資創立網路服務供應商超日科技（ParaSun Technologies Inc.），為加拿大西部的偏遠地區提供服務。超日公司是卡爾森與夥伴合創的第三家公司，前兩家公司出售時對他的人生影響不大，然而十一年後，當超日公司以將近一千五百萬美元的價格出售時，則是全然不同的狀況。

「當出售公司還只是個抽象概念時感覺還好，但是有人捧著大把鈔票堆在你桌上時，就是另一回事了。」他說：「那徹底改變了你的觀感，看到一堆鈔票堆在你面前，那真是太吸引人了。那些錢還沒多到會改變你的生活方式。有些人可能會變，有些人不會，重點是你怎麼看待一切。」

公司出售時，他想要退休。他和妻子從溫哥華市中心搬到喬治亞海峽對岸的溫哥華島，他們也稍微旅行了一下、整理花園、打打小白球。但是這樣過了一年半以後，卡爾森又開始心癢，想要重返商場，所以他加入兩個董事會。不到五年，他覺得休息夠了，又回頭擔任兩家新創公司的董事長及第三家公司的執行長，恢復全職工作的生活。

不過，即使是以獲得大把鈔票告終的人，退場的結局不見得都是「從此以後過著幸福快樂的生活」。很多業主儘管已經保證下半輩子衣食無虞了（通常是他們人生的第一次），卻發現自己得對付始料未及的懊悔情緒，對抗憂鬱與消沉，迫切需要新的認同與人生目標。對他們來說，退場後的人生索然無味，而且這個過程可能持續好幾年。

退場四階段

我也說不準為什麼有些業主出售公司以後會陷入那樣痛苦的憂鬱狀態，而有些人不會，畢竟每個人的情況各不相同，一如每個人的個性、偏好、心理狀態也不一樣。我只能說，花在準備退場的時間越久，碰上這種情況的機率越低。當然，重點不光是投入的時間而已，也包括你如何成功找到正確的方法，走完退場流程的四個階段：

- **第一階段是探索**。包括探索多種可能性，做好必要的內省功課，判斷你退場時在乎及不在乎哪些事情。此外，可能還包括想出一個數字——亦即當你覺得離開的時機成熟時，可以讓你滿意的金額——以及時間範圍。

・**第二階段是策略規畫**。你需要學習把公司視為產品，而不只是提供商品或服務的機構。接著，把你覺得可以提高公司價值、讓你以想要方式退場的那些特質融入公司中。

・**第三階段是執行**。無論你選擇哪一種退場方式（出售給外人、管理階層收購〔Management Buyout，簡稱ＭＢＯ〕、送給子女、清算資產，或其他可能的結果），這是完成交易都會經過的流程。

・**第四階段是過渡期**。始於完成交易，一直到你完全投入下一階段的人生才結束。在你身心完全轉移到新活動、新生涯、新角色或甚至退休以前，退場流程都尚未結束。

當然，每家公司、每個業主、每次退場都是獨一無二的，這些階段在每個人的生活中也有不同的發展型態。據我所知，有些業主的過渡階段非常痛苦，有些業主的過渡期一下子就過了，心情相當輕鬆。有個業主形容第三階段就像「牙齒拔了九個月」，另一位業主在回憶時則說：「有趣、刺激、學到很多、令人亢奮」。有些創業者花了幾年才想清楚他們想要怎麼離開，有些人似乎直覺就知道答案，也有人乾脆跳過這個階段，但後來為此付出了代價。

這些階段也可能會彼此重疊，尤其是前面三個階段。例如，精明的創業家無論想不想出售公司

（第一階段），總是把事業打造成隨時可賣的狀態（第二階段）。業主也有可能在協商出售條件時（第三階段）突然臨陣退縮，並根據過程中得到的新資訊，更改策略計畫（第二階段）——也許他們對最後的結果產生不同的看法（第一階段）。只有第四階段很少有機會重新來過，所以把前面三個階段搞對非常重要。

公司出售了，但你的人生尚未結束

退場是從了解各種可能性開始。其實退場的可能性比多數人所想的還多，我們先假設你比較希望賣掉事業，而不是清算公司。於是，關鍵問題變成：你要賣給誰？家族成員嗎？還是第三方？員工嗎？還是管理階層？亦或是公開上市？相對於每一種買家，都有數十種可能的退場方式。以第三方收購為例，你比較想賣給私募股權公司、尋找商機的個人、競爭者，還是想擴充市場或能力的大公司？公司出售以後，你還想繼續待在公司嗎？還是就此離開？買方致力保留企業文化的意願有多重要？你對公司有什麼長期的期許？你有多在乎公司出售對員工的影響？你想留下個人傳承嗎？如果想，是什麼樣的傳承？你接受收益外購法嗎（亦即部分售價是由公司售後的績效所決定）？諸如此類*。

你遲早都得回答這些問題，而答案將決定你選擇的退場類型。你越是仔細思考，聆聽越多業主的退場經驗，並比較他人的經驗和你自己的偏好，你會越清楚自己想要什麼，也越有可能達到你想要的結果。

當然，你可能早有答案。畢竟，有些業主還沒創業以前就已經想好退場計畫了。有些業主在拉攏投資人加入時，就需要先想好所謂的「套現機會」（liquidity event）——通常是賣給第三方，有時是公開上市。還有一些業主覺得自己是投資人，他們把收購事業或自己創業視為一種投資，就那麼簡單。對他們來說，重點是盡量提高公司的價值，以便賣個好價錢，但這種業主畢竟是少數。在我的經驗中，業主和創辦人大都忙著對付經營事業的挑戰，或是努力把公司提升到更高的層級，或是就這樣日復一日、年復一年地工作，從未多想下一步，更別說是為自己或公司做好退場準備。

如果你很幸運，可能不思考這些問題也無所謂。就像帕加諾那樣，經營事業數年或數十年，都沒怎麼想到退場的議題，但最後仍有機會看情況調整公司的體質，然後優雅地退場，但這樣等於是在冒險。經營公司的旅程，不見得都是在你想結束的時候結束，我這裡指的不是出車禍那種人盡皆知的風險，那種風險永遠都存在，嚴謹的公司都有因應這類事故的應變計畫。但是應變計畫和退場計畫不一樣，應變計畫是為留下的人提供保險，退場計畫提供保險的對象則是業主，因為你的人生不會隨著公司出售而結束。事實上，退場計畫最難的部分通常不是「出售」這件事，而是出售之後

---

*上 www.finishbigbook.com 可以看到完整的退場選項清單，還有一些自我詢問的關鍵問題。

的過渡階段。那時你的人生進入了下一階段，你必須承受先前決定所衍生的結果。

對帕加諾來說，退場後的結果大都是好的，部分原因是他打從一開始就很清楚自己的目標。他開始著手準備退場時，確切知道自己想要什麼：去做當初他為了創業及經營公司而延後享受的一切。他對後面的人生抱持著清晰的遠景，除了玩遊艇及陪伴家人以外，也包括心安理得地離開事業。他說：「我一直覺得，如果能夠問心無愧地離開公司，那就是我想要的。」

他開始規畫及執行退場計畫時，一切作為都是從這個遠景衍生而來。那不僅決定了公司內部的改變，也決定了他想要做的交易類型，以及他願意接觸的買家。財務長史柏汀說：「我不止一次聽他說：『要是員工的待遇可能變差，公司就不賣了。』我親眼看到他白紙黑字寫下：『他們是我的家人，我希望他們獲得善待。』」

不過，即使帕加諾有明確的遠景，即使公司剛出售的那幾個月他感到身心舒暢、得到解放，卻也不免感到有些失落。失落感雖然不是無可避免，但非常普遍，尤其對長期深入參與營運的業主來說更是如此。不過，對帕加諾來說，事業經營了一輩子，又看到老員工在新業主的手下蓬勃發展，那種成就感遠遠超越了出售公司的失落感。

所以，退場之後他毫無遺憾，過渡階段也毫無痛苦，其他業主就沒有那麼幸運了。不過，只要在情感上做好準備——了解你的定位，想要什麼及為什麼，並根據那些想法做決定——你的過渡階段也可以像帕加諾這般順遂。

第2章

沒了事業，我是誰？

一切從了解自我定位、想要什麼及為什麼開始

布魯斯．李奇（Bruce Leech）出售跨訊公司（CrossCom National）大部分股權的前一晚，凌晨兩點仍坐在辦公室裡，凝視著成交前該簽妥的文件。再過幾個小時，四十八歲的他就要變成千萬富翁了，可以帶著毫無過錯的紀錄、雄厚的財力瀟灑離開。搞不好幾年後這家公司再度出售時，他手頭剩下的持股還可以幫他再大賺一筆。你可能覺得他已經準備好開香檳，好好慶祝這段漫長的創業旅程終於來到高潮，為他帶來可觀的報酬，但是他坐在那裡看起來苦惱不已，周圍堆滿的是代表他過去二十三年人生的文件。

一九八一年，他和兩位合夥人共創跨訊公司時還很年輕，他們就像沒有上千、也有數百位的創業者一樣，想把握貝爾電話公司分家的機會，出售電訊設備給企業。草創時期相當辛苦，有兩位合夥人在三年內退出事業，李奇原本決定慢慢把公司收起來，也開始為新的工作接受訓練了，這時他的答錄機上突然出現

沃爾格林（Walgreens）公司的留言。這家藥妝巨擘希望他能在三個月內，幫他們的一千兩百家分店安裝電話系統。李奇也不知道他有沒有辦法在那麼短的時間內完成任務，但他回應：「沒問題。」接著，他辭掉新工作，從此再也沒有回頭。

接下來的二十年，跨訊公司持續成長，最後變成內部通訊系統安裝與服務的龍頭企業，旗下共有三百位員工，營收達七千萬美元，許多零售巨擘都是他們的客戶。早期公司開始上軌道時，是李奇最開心的時光，他回憶道：「當時我早上都興奮地從床上跳起來，工作到深夜，每分每秒都樂在其中。」但隨著歲月流逝，他的熱情開始降溫。一九九五年，跨訊公司把事業版圖拓展到英國，他對事業的熱情有暫時恢復一陣子。以前他從未踏出美國國門，所以在歐洲開分公司的前景令他興奮。他甚至搬去倫敦住了一年，讓分公司的營運盡快上軌道。

當初吸引他的不止是商機，他說：「回想起來，我覺得那比較像是為了從美國的事業抽離出來。我想，我可能覺得有點無趣，覺得英國很酷，所以去那裡做了幾年。接著，到了該收心返家的時候，我終究必須面對我一直逃避的現實狀況：我的熱情已經燃燒殆盡、筋疲力竭了。」

不過，他需要處理的，不光是熱情耗盡的問題。由於長期旅居國外，他的婚姻早就搖搖欲墜，公司也陷入混亂。婚姻後來無法挽回，二〇〇〇年以離婚收場。為了解決公司的組織問題，他把執行長的職位交給年輕有為的後輩葛瑞．米勒（Greg Miller），米勒頗有營運管理的天賦，而李奇本來就對營運管理興趣不高。之後他在公司裡依然活躍——主要是做業務和行銷——但他的心已經不在那裡了。

他說：「我找不到工作的意義，我期望能做更遠大的事，而且當時我失去很多，婚姻令我失落，親子關係令我失落，公司交給米勒管理以後也令我失落，所以當時失落感很重，又沒有新事物可以填補。我自己的財務狀況也一團亂，銀行存款所剩無幾，我又欠前妻一些錢，還有一個兒子正要上大學，房子抵押給銀行，整個狀況很可怕。」

當人人都在等你賣掉公司……

但李奇不是一無所有，他依然持有公司的股權。李奇覺得他可以出售四〇%的股權，但依然握有公司的控制權，所以他找來一個仲介，那個人幫他和私募股權公司岡西邦斯（Goense Bounds & Partners）牽線，幫他協商交易的條款。

接著，李奇去找律師，律師問他為什麼想從外面找那麼大的股東進來。他說，他覺得這樣可以減輕他的財務負擔，讓他獲得更多自由。律師笑著說：「自由？那是你最不可能擁有的東西，以後你做任何重大決策，都必須先問過新合夥人的意見。」李奇一聽大感震驚，馬上取消了交易。

他的出爾反爾害公司賠了數十萬美元的違約金，也使公司的管理團隊士氣低落，因為他們為了那筆交易花了很多心血準備，原本可以分到一點股權出售的金額，也期待外來的資金可以帶動公司的成長。現在交易取消了，公司的財務壓力仍在。

接著，李奇又得知公司丟了一個大客戶，愛克德連鎖藥局（Eckerd Pharmacy）。這代表跨訊的年營收七千萬美元裡，來自愛克德的九百萬美元飛了，這件事使李奇陷入了更深的恐懼。「我還記得有一天，我在凌晨三點驚醒，嚇出一身冷汗後直奔辦公室。我跟米勒談起我的擔憂，他說：『是啊，你現在處境堪憂。只要我們再出一些小狀況，我就失業了。但是李奇，我只是失業，你卻可能失去一切，你都不緊張嗎？』那次對話以後，我應該整整失眠了一個月。」

由於財務上瀕臨破產，李奇覺得即使得放棄控制權，還是得賣出公司股權。於是他又回去找岡西邦斯，對方願意以之前的估價重啟交易，但附帶一個條件：現在對方堅持取得六〇%的股份，而不是之前談定的四〇%。李奇早就把二〇%的股份分給管理團隊了，所以賣掉六〇%後，他自己只剩二〇%。他還是點頭了，交易開始緊鑼密鼓地進行，雙方敲定了交易日期，律師也完成文件讓他們簽署。

這就是李奇凌晨兩點還待在辦公室裡的原因。他省思創業歷程，疑惑自己是否做了正確決定。米勒稍早在傍晚時曾過來探望他，他說：「李奇，你已經獲得交易所需的一切了，人人都認為這樣做是對的，但我想，最終的決定權在你。祝你好運！明天早上見。」

米勒說的沒錯，人人都鼓勵李奇完成這筆交易，包括董事會、管理人員、律師、會計師、朋友和家人，但他總甩不開自己失去了什麼的感覺。多年後他回憶道：「我這輩子從未感到如此孤立無助，那感覺很糟，接著我突然領悟到一點：那些說這筆交易對我最好的人，都可以從中獲利。我把他們當成朋友，但他們之中有人為我的最佳利益著想嗎？我自己也不知道。」

但是已經走到這一步，他還能做什麼呢？「我有點害怕，覺得我不能再次臨時喊卡，大家都在等著我做最後的決定，所以我簽了所有文件。」

賣了公司後，生活出現很大的空洞……

業主從創辦的企業退場，方式有很多種，不過很多人的情況跟李奇很像，沒做多少準備就得退場。有些業主是因為累了，有些業主覺得事業變得索然無味，有些人遭逢不幸，有些是意外接到難以抗拒的出價，有些是突然遭遇產業或經濟巨變的衝擊，有些是被客戶連累，有些是現金燒光了……，種種情況不勝枚舉。

這種時候，倉卒規畫退場通常很難獲得美滿的結局，對於從未深思過要如何迎接退場後人生的業主來說更加難熬。他們會被其他人的意見左右，根據別人認為他們該怎麼做、或是別人已經為他做好的決定，來因應遇上的事件和情況，而在過程中失去打造個人未來的機會。對業主來說，未來可說是最大的潛在報酬，畢竟那是大部分人當初創業或收購事業的原因。

在創業初期，你確實有機會影響最後的終點及過程的發展，那時你的選項很多。但是隨著時間經過，選項會越來越少。你的決定和行為無論是有意還是無意，都會影響你的退場可能性，包括你必須賣什麼、能賣到多少錢、潛在買家有哪些，和公司該做好哪些出售準備。

顯然對你最有利的方式，是盡可能保有那些可以幫你抵達首選目標的退場選項——前提是你知道你的目標是什麼。因此，你首先必須釐清你的定位，知道你想從事業中獲得什麼以及為什麼，否則你無法從各種可能選項中挑選。搞不好你連有哪些可能的選項都辨識不出來，所以退場時完全不知道下一步該怎麼走。

「我真的沒想過公司賣了以後要做什麼。」李奇說：「有個朋友賣過公司，他告訴我：『沒想清楚接下來要做什麼，不要把公司賣掉。』我對他的建議印象深刻，彷彿他昨天才告訴我的，但是我沒聽進去。因為我沒有好好思考這個問題，所以賣了公司以後，生活出現很大的空洞。」

李奇是過了幾個月才發現自己陷入這個空洞。二〇〇四年十一月初交易就完成了，接下來是歲末節慶，他持續忙到年底。一月時，他覺得該回去工作了，但不知道要做什麼。雖然他還是跨訊公司的董事，但沒有日常的例行事務要忙。他心想，沒關係，只要大家知道可以找他，應該就會有一些事情冒出來。於是，他在芝加哥的市中心租了一間辦公室，訂做了新名片，然後靜靜地等待……等待……再等待。

「我開始感受到真正的孤單，我本來以為可以跟同棟大樓的其他企業家交流互動，但他們大都把門闔上。同時我的朋友都還在上班，沒有人可以一起消磨時光，連我的子女也都在上學沒空陪我。我不知道要做什麼，開始覺得自己可有可無。在跨訊時，有三百多名員工把我當成李奇大叔，然後轉瞬間我跟他們好像斷了關係，再也沒有人需要我了，也沒有人真正關心我，大家只會隨口問問：『最近還好嗎？退休一定很愜意吧！』我討厭『退休』這個詞，那時我才四十五歲左右，還不到頤養天年的時候。」

交易只占三成，另外的七成都跟情感有關

李奇開始設法填補空洞，他覺得在非營利的領域裡，或許可以找到目標，所以他參加了兩個致力消除全球貧困的組織。他跟著其中一個組織走訪非洲，跟著另一個組織的醫療團隊去玻利維亞進行年度義診。他也發掘了對教育的熱情，尤其是指導剛踏入商業世界的青年才俊，並開始和母校密西根州立大學及帝博大學（他在那裡取得ＭＢＡ學位）的學生合作。

他覺得造訪第三世界國家確實有「改變人生觀」，也覺得指導後進的經驗「很棒」，但依然填補不了內心的空虛。「我發現，只要創業過，就永遠是個創業的人。」他說，「我依然渴望經營事業，不是因為需要錢，而是需要做有意義的事並獲得報酬。無償奉獻自己的時間來做志工，當然很有意義，但我覺得創業過的人需要的，是那種參與商場實戰並獲得肯定的感覺。」

李奇努力尋找方向時，日益質疑自己出售跨訊公司控股權的決定到底對不對。新的業主基本上

已經把他隔絕在日常營運之外，儘管他仍是公司的董事兼大股東，但還是被當成沒多大貢獻的外人看待。公司營運的策略性決策沒找他表決就通過了，沒有人徵詢他的意見，他徹底地被邊緣化了。這讓他感到挫折，而挫折讓他更加質疑自己不該賣了公司，開始覺得自己是在倉卒下被迫完成交易。沒錯，他確實感到倦怠、感到熱情燃盡，或許也有一點陷入低潮，但是當時難道沒有其他選擇嗎？

他去芝加哥造訪美味外燴公司（Tasty Catering）時，終於有了明確的想法。美味外燴公司屢次獲得伊利諾州的最佳職場殊榮，李奇說：「我看到他們的企業文化，讓我突然想起，以前跨訊公司也是這樣，我們打造了特殊的文化，卻沒有守住它，但在失去以前，我並不知道這樣的文化是特別的。出售公司以前，人人都告訴我：『想想你拿了兩千萬可以做什麼，你可以還清積欠前妻的債務，還可以買一架新飛機。』所以我就把公司賣了，結果卻不是他們說的那樣。接下來有整整三年，我都在為我的退場感到痛惜，而不是去想我該何去何從。」

他後來終於找到新志業。二〇〇八年，李奇和退場經歷同樣不順的友人戴夫・傑克森（Dave Jackson）一起創立演美機構（Evolve USA），專為已出售、正出售，或想出售事業的人提供諮詢服務（第六章會深入介紹）。

李奇說：「我把公司賣掉時，根本沒做好準備。我根本不知道『做好準備』是什麼意思，這正是我想協助客戶思考的。大家談到退場時，焦點幾乎都放在交易上，但交易其實只占二〇%到三〇%，另外的七〇%到八〇%是情感的部分。你需要事先想好這些事，因為一旦仲介介入，他們就會架著你完成交易，等你回過神來，你已經把公司賣掉，變成局外人了。」

最容易被忽略的重要課題：自己

在商場上，「知識就是力量」或多或少都是真理，所以沒人必須告訴創業者掌握以下資訊有多重要：什麼趨勢正影響你的市場、你的客戶會顧慮什麼、新技術如何影響你所在的產業、你可能面對什麼新的競爭、員工有多投入等等，你自然會主動去了解。但怪的是，業主常常忘了從商業角度分析最重要的課題：自己。

深入了解自己非常重要，那對你事業的影響遠大於其他要素。我所謂的深入了解，是指了解你想要什麼以及不想要什麼、你最在乎什麼、你的動力來源、你真正的熱情所在、你有什麼弱點、什麼讓你充滿活力、什麼讓你意興闌珊。

了解自己的業主通常決策較為明智，公司經營得比較好，也是比較賢能的領導者，事業生涯比較有成就感，也有較高的機率能圓滿退場，因為他們知道退場後想做什麼。當你連自己都不太了解時，不太可能知道下一步想怎麼走。當然，知道自己的終極目標不見得一定能達到，但不知道終極目標的話，肯定到不了。

有些人會說，自我了解是一輩子的功課。確實，你無法只騰出一個週末，就能徹底了解你自己，自我了解是一種長期的過程。我認識一位創業家，他每年一開始都會靜下心來，寫一份未來十到十五年的人生詳細規畫，他的事業夥伴也會這樣做。

少了類似這樣的程序，你不僅可能在毫無準備下退場，退場後的一切也會讓你措手不及。等你終於徹底抽離公司時，才像是被一拳打醒，赫然發現自己對自我定位、想要什麼，以及為什麼想要一無所知，而此時這些問題迎面而來，與你正面交鋒，讓你無處可逃。

在你回答那些問題或是偶然間頓悟以前，你很難找出下一步該怎麼走。你會像李奇那樣四處徘徊，尋找目的，而這段徬徨期會持續多久、過程有多痛苦，則視你自己和運氣而定。但有一點是肯定的：等你終於理出頭緒時，眼前的選項已經不如退場前就想好答案時那麼多了。因此，即使你無法提早思考，至少也要在退場流程的第一階段就開始尋找答案。

我應該要強調，你不只要問你的個人定位以及想要什麼，更要問為什麼。我們很容易概略地回答前兩個問題，以為這樣就夠了。但回答「為什麼」可以逼你更深入探索，思考你對前兩個問題的答案有多少信心。

和我合撰專欄的布羅斯基就是吃足了苦頭，才了解到自問「為什麼」有多重要。一九八〇年代，他創立了第一個事業「城市郵局」（CitiPostal）快遞公司，他完全知道自己想要什麼：一家營業額至少上億美元的公司。他說他從沒問過自己「為什麼」是一億。如果你追問他答案，他可能會坦言那是因為他愛面子，只在乎事業規模，想把握一切機會，證明他做什麼都非常在行。不過，他背後的理由遠不止那些，若是他更仔細探索背後的邏輯依據，應該會重新考慮那個目標。

但他沒有。他一心只想達到營收破億的目標，所以做了一樁非常糟糕的收購案。該筆交易雖然使城市郵局的營收在一夕之間，從四千五百萬美元躍升為一．二億美元，但也使公司從盈轉虧，從淨利一百一十萬美元變成虧損一千萬美元，並引發一連串的事件，使公司在隔年宣告破產。往後三年，他都在處理破產程序，也因此有很多的時間，可以思索他的個人定位、想要什麼以及為什麼。

他的第一步是接納整起災難。一開始他想閃避失敗的責任，公司的倒閉可以輕易歸咎於外部因素。畢竟，沒有人能預知一九八七年十月的股市崩盤，而那次崩盤使公司失去了大半的業務。也沒有人會料到約莫同一時間，傳真機的數量會突然達到取代快遞的臨界值。布羅斯基告訴自己，沒錯，那樁併購案是一大錯誤，但人非聖賢，孰能無過？問題出在他無法預期外部事件發生的時機。

最後，他在雜誌上看到一篇報導引述某位投資銀行業者，這才戳破他自欺欺人的想法。那位投資銀行業者原本想投資城市郵局，等他終於取得城市郵局的財務數字時，卻震驚地發現這家公司根本是一本爛帳。「我看了一眼……然後心想：『這太誇張了吧，這種資本結構要怎麼經營？』」

布羅斯基看到那句話，當場就醒了。那位投資銀行業者基本上在說，城市郵局破產其實是可以預見、也是可以避免的。果真如此的話，為什麼布羅斯基沒有預見、也沒有避免呢？答案雖然讓布羅斯基難以接受，但他其實心知肚明：他根本沒注意資本結構那些東西。他一心只想達到營收破億的目標，而對併購案極具信心，所以忽略了一切風險。事實上，他很喜歡冒險，冒險總是令他渾身是勁，那是他的一大特質，他說：「我喜歡走到懸崖邊，然後往下看。」

所以城市郵局其實不是被股市崩盤或傳真機崛起給拖垮的，而是被布羅斯基的賭徒性格害慘的。他為了追求冒險的快感，使公司體質變得脆弱，承受不起意外的衝擊，同時也拖著三千名員工一起陪葬。九八％以上的員工都因此失業了，他們都是無辜的受害者。

無論布羅斯基為人如何，至少他還有一點良心。當他意識到自己是造成兩千九百多位員工失業的禍首時，他覺得心如刀割，懊悔不已。那些人都是他雇來的，他們盡忠職守，努力完成他交代的工作，卻無端受害。他因此下定決心，以後絕對不能再做出這種害員工生計陷入困難的決策。

這是布羅斯基開始轉變經營方式的起點，他知道他無法改變自己的本性，但誠實接受他領悟到的明顯事實：他的個性裡有一些特質必須好好掌控，否則對他和別人來說都是危害。自從注意到這點以後，他開始採取一些措施，用心去抵銷弱點、強化優點，避免自己重蹈覆轍。

首先，他讓自己的周圍充滿個性穩健、擅長分析、注重細節的人。他坦承自己不擅長管理，也不愛管理，所以應該把管理工作下放給專業經理人來做。他要求自己仔細聆聽以前草草過目的論點和意見；處理問題時，應該先了解自己為什麼會造成那個問題。他也規定自己，洗過澡以後才能做重大決策。由於他都是一早起床洗澡，這個規定逼他起碼得先思考一天才做決定。

同樣重要的是，他改變了事業目標。破產讓他不再過度看重營業額及一味地擴大規模。他發現，營收上億本身並沒有意義，尤其對快遞這種毛利很低的產業來說更是如此。擁有一家營收只有兩千萬，但毛利高、現金多的公司，反而更好。

就在那個時候，某位快遞客戶打電話給他，提出一個不太尋常的要求。她有二十七箱東西需要存放，想知道城市郵局是否提供存放服務。布羅斯基從未聽過那種服務，他馬上研究了一下，覺得「檔案儲存」正是他想從事的事業類型。於是他二度創業，創立了「城市倉儲」公司。

往後的十七年，他和員工把那家公司打造成全美最大、最受推崇的獨立檔案儲存公司。二〇〇七年，他賣出城市倉儲及兩家關係企業的多數股權，也把公司所在的黃金地產以一．一億美元的高價，賣給一家商業發展公司「聯合資本」（Allied Capital）。如今回顧過往，他說，要不是當初他清楚思考自己的定位、想要什麼以及為什麼，並做出必要的改變，根本不可能出現後來那筆交易，讓他得以優雅退場。

把自我價值和工作綁在一起，是天大的錯誤

幸好，你不必經過破產的洗禮就可以搞清楚自己的定位和想要什麼。不過危機也可以是學習的良機，許多優雅退場的業主都可以把退場的緣起追溯到一場危機，那場危機似乎促使他們步上特殊的轉變歷程。

對勒莫尼耶來說（第一章提過的人力派遣業者），危機是他突然被任職九年的大型人力公司開

除。當時他在公司已經升到部門副總裁，卻因為和新老闆不合而遭到解雇（他說那叫「解放」）。勒莫尼耶說：「我當著他的面罵他混帳。」無論他遭到革職的原因是什麼，他從那次經驗中記取了教訓，「那件事讓我意識到，把自我價值和工作綁在一起是天大的錯誤。」

這個教訓成為他後來展開創業生涯的指導原則，他把事業視為投資，而不是一輩子的工作。他說：「每個事業都只是人生這本書裡的某一章，不代表我整個人。當然，我對每個事業都充滿熱情，誰對吸引人的投資不熱情呢？但我曉得我看待事業的方式和其他業主不一樣，或許是因為我一開始接觸創業的方式就不一樣。」對他來說，創業及退場是一體的兩面。「我認為我的角色是培養事業發展，同時準備好退場。每次我想投入某個事業時，不會只看要從哪裡開始，也會看該如何退場。」

他的公司並不影響他的自我定位、想要什麼及為什麼。「事業不是我的目的，而是讓我有機會更深入去探索目的。當我自問：『如果沒有這個事業，我是誰？』我有明確的答案，我是神的孩子，是人夫，也是人父。」

懷疑者可能會注意到，勒莫尼耶其實不是自己創業，他是買別人創立的公司，加以改造，之後再賣掉。雖然他比較像是經營者而非純粹的投資者，不過我們還是可以很容易理解為什麼他會把事業視為投資，以及為什麼他不想讓事業來界定他這個人。

瓦瑞勞也是如此，他從小學三年級就開始在多倫多創業。他說，他創業之初就已經想好最後的結果，因為從小到大，他周圍有很多成功的企業人士。他的父親詹姆斯．瓦瑞勞（James Warrillow）創辦了《利潤》（*PROFIT*）雜誌（類似加拿大版的《企業》雜誌），「他有意無意地讓我去接觸那些成功退場以及創業前先想好結局的創業家。」不過，雖然他創業之初就有意出售公司，但要不是後來遇到某次經歷，讓他徹底想清楚個人定位、想要什麼及為什麼，他也很難出售他手中那間最大、最知名的瓦瑞勞顧問公司。

這間公司的創業點子是源自瓦瑞勞製作、主持的一個廣播節目，那個節目主要是訪問成功的創業家。加拿大皇家銀行（RBC Royal Bank）是節目的贊助商之一，銀行發現他們很難讓小企業回應他們製作的廣告郵件，業務人員也很難打動小企業的老闆，所以銀行的行銷人員向瓦瑞勞求助。一開始他為了感謝銀行贊助廣播節目，所以免費幫銀行打廣告。後來，他開始為他的服務收費，不久他就發現其他公司也願意付費取得服務，所以一九九七年，他創立了瓦瑞勞顧問公司。

那年他才二十六歲，雇用的員工也差不多是那個年紀。回顧過往，他說公司的文化就像「高中生」，他們工作與玩樂都在一起，接下來七年，公司營收成長至四百萬美元。瓦瑞勞本身專注於改善領導技巧及打造一流的企業。他出席研討會、講座和會議，大量閱讀那些鼓吹工作環境有多重要的商管書籍。他說：「我真的很努力去營造友善的工作環境，例如讓員工帶寵物來上班，舉辦許多有趣的活動，大家都相處得非常融洽。」他也真心相信那樣做是有用的。但是後來公司的核心要角紛紛離職，他對員工的背叛感到既錯愕又沮喪。

第一位離開的員工是公司最資深的業務人員，他去客戶那裡工作了。兩個月後，研究部門的主管也去客戶那裡上班了；接著，其他員工也紛紛離職。短短六個月內，公司就流失了四〇%的人力，造成公司內部紛紛擾擾，公司與客戶的關係也岌岌可危。

員工離職的原因並不令人意外，他說：「他們在客戶那邊更有機會發展。他們都是去大公司，而我們是小公司，我們自立自強，每一人都是當三個人用，公司不太有架構。偏偏我們往來的顧客都是很大的企業，他們經常耳聞及目睹那些大公司的福利津貼。」

即便如此，他還是覺得被員工背叛了。他說：「那感覺就像年少時期被女友甩了一樣，我實在想不到更貼切的形容了。」他的推論是，員工其實不像他那麼在乎友善的工作環境，對於他為了營造友善的職場所付出的一切也不領情。他說：「那段日子對我的打擊很大。」

但他熬過去了，雇用新人來補足離職員工的缺額，他們一起努力讓公司的營運重回正軌，而這次的歷練也徹底改變了他看待事業的方式。「我要求自己，以後絕對不要為事業投注那麼多感情，絕對不要讓它取代我的社交或家庭生活。幸好，當時我的第一個孩子剛好出生，我意識到世界上有很多比公司更重要的事情，也因此加速了抽離事業的過程。在事業方面，我變得很務實，看待一切都非常冷靜，不再感情用事。」

事實上，瓦瑞勞在情感上是完全抽離公司的，以前他很熱中於營造友善的職場環境、打造卓越的公司，現在他比較精明務實。他覺得事業最主要是賺錢的工具，讓業主得以在工作之外打造美好的生活；意即事業只是達成目標的方法，不是目標本身。所以四年後他出售公司時，他比多數的退場業主更加適應離開公司後的日子，「我聽說出售事業可能會像喪子或離婚那麼痛苦，我從來沒有那種感覺，或許是因為我曾經歷過那一段眾叛親離的時期。要是沒有的話，退場時我可能會非常愧疚吧。」

創業二十年後想轉做別的，怎麼辦？

想必也有一些業主像勒莫尼耶或瓦瑞勞一樣，深入探索過個人定位、想要什麼及為什麼，只是他們得出的結論恰好相反。他們坦承對自己創辦的事業放了很深的情感，自我認同和整家公司已經密不可分。他們當中有些人把大部分的人生都投注在事業裡，一心一意想要成為業內頂尖企業，為顧客提供卓越的服務，與供應商培養良好的關係，也為員工創造快樂的工作環境，所以日復一日注意著有哪些案例，其方法能幫助公司的客戶、供應商、員工生活變得更好。

但這樣的業主最後還是得退場，而且對他們來說，要瀟灑退場遠比勒莫尼耶、瓦瑞勞這類的老闆更困難。首先，他們在考慮接手對象時需要考量的點比別人更多，因為他們更在乎公司的未來發展。他們也必須處理對離開感到愧疚自責的問題。不過，他們若是找到更有熱情投入的新志業，愧疚自責的感覺便能減輕一些。這是有可能的，畢竟人都會變。只要有足夠的自我了解，留意觀察那些變化，未來的計畫自然也能跟著轉變。

奇普・康利（Chip Conley）就發現了他的轉變，當時是二〇〇七年，他已經花了大半輩子打造出美國一流的連鎖精品旅館。一九八七年，他在舊金山的田德龍區（Tenderloin）創立第一家鳳凰旅館（Phoenix），那時他才二十六歲。

二十年後，他的精品旅館集團「喜悅人生」（Joie de Vivre Hospitality）已經大幅擴張，在加州擁有三十多個物業，並以創新的旅館概念及卓越的客服聞名全美，連續多年榮登舊金山灣區的最佳職場榜單。灣區向來有很多創新的執行長，康利在這個人才濟濟的地方，還榮獲「灣區最具創新思維的執行長」殊榮。

康利寫過兩本書，正要出版第三本，也是最具影響力的一本，書名是《創造顛峰：運用馬斯洛理論提振士氣》（*Peak*）。該書說明網路泡沫化及九一一恐攻後，加州旅館業受到重創，他運用哪些點子、原則和技巧，來幫自己走出低潮、度過難關。

二〇〇七年之前，他從未想過要離開公司，儘管多年來有很多人探詢他是否有意出售事業，卻都沒有下文，主要是因為康利還沒準備好交出執行長的棒子。「我沒有興趣卸下這個角色，我把喜悅人生視為志業，覺得我可以一直做到七十五歲，甚至八十歲。」

但就在他撰寫《創造顛峰》，並開始到各地宣傳這本書及上一本著作《關鍵行銷》（*Marketing That Matters*）時，他注意到自己有些變化。康利發現自己非常喜歡寫作時那種獨自內省、反思的過程，他也很愛公開演講時互動、說明、指導與分享的過程。他突然意識到，比起經營喜悅人生集團，他可能更喜歡寫作和演講。

「假如讓你渾身是勁的叫志業，讓你掏空枯竭的叫工作，我開始覺得當旅館集團的執行長比較像工作。我可以一週演講四、五場，卻完全不覺得累，因為演講讓我充滿熱情。但我的本業還是執行長，於是我心想：『天啊，這下我有麻煩了。』我卯足全力做了二十年的工作，竟不是我未來想繼續投入的目標。」

儘管如此，當時間來到二〇〇八年初，有人再度洽詢他是否有意出售事業，他的第一個反應還是：「當然不賣，我還沒準備好。」但很快他就改變主意了。他說：「腦裡有個聲音一直告訴我：『別鬧了，你不可能同時兼顧本業和外務。』」於是他答應研究一下出售事業的可能。

他只對助理和父親透露這件事（父親是他最親近的顧問），並開始和潛在買家、投資銀行以及參與實質審查的人祕密會談。這個過程持續了近半年，「我自己覺得很不自在，因為過程中我必須讓別人來評估公司的價值，我自己也漸漸習慣我可能真的會把公司賣了。最後，在六月的一場晚餐中，雙方談妥了價碼，我說：『好啊，就這麼說定了。』」

不過，後來出了一點狀況。買家的計畫是合併喜悅人生集團和另外兩家旅館，但那兩家的交易尚未談妥。康利有兩週沒接到任何消息，他後來打電話給買家，買家說他們和另外兩家一直談不攏。此時景氣已經開始變差，房市泡沫破滅，房產價格開始下跌。又過了一週左右，買家通知他交易取消了。

康利說，他覺得自己像婚禮上被放鴿子的新郎，「我的身心靈已經完全接受『出售公司並邁向下一步』的概念了。」他說：「當下我心想：『這下可好了，我該怎麼辦？』」

自己跟公司都差點垮了，還能怎麼退場？

事實上，這是他那一天接到的第二個壞消息。在這之前，旗下一家旅館的財務長才剛向他坦承，他在四年間挪用了一百多萬美元的公款。那天傍晚，康利在棒球比賽中撞傷了腳踝，住院治療了十天。

後來情況並未好轉，腳踝骨折的併發症持續糾纏著他。八月中旬，他去聖路易斯演講，講完為觀眾簽書時突然昏倒，心臟停止跳動數秒。醫護人員把他搶救回來了，他在醫院待了兩天便出院回家。九月十五日，雷曼兄弟宣告破產，經濟開始急轉直下，那時他身體尚未完全康復。

前幾年經濟泡沫化期間，許多連鎖旅館集團（包括喜悅人生）為了快速擴張而大幅舉債，現在泡沫破滅後，這些旅館受到的衝擊特別大。在年營收大幅萎縮二〇％到二五％的情況下，康利頓時發現他必須努力阻擋公司破產，這是七年來他第二次面對這種難關。他說：「第一次遇到破產危機時我覺得自己像個鬥士，第二次卻覺得像階下囚。」

這次之所以壓力特別大，還有另一個原因：喜悅人生正在進行「二十一個月內開設十五家新旅館」的計畫。隨著危機日益迫在眉睫，他開始在半夜接到旅館合夥人的配偶喝醉打來的電話，他們心急如焚，因為要是真的破產，就沒錢送孩子去上大學了。

那兩年間，彷彿命運還不夠悽慘，康利陸續接到七位朋友自殺的消息，都是年齡與他相仿的男性。其中一位是他的保險經紀人，是他一向倚重的可靠顧問，而且剛好跟他同名（也叫奇普）。康利參加了他的告別式，在現場聆聽許多人緬懷那一位奇普。

在噩耗連連下，康利更加堅信他必須想辦法離開喜悅人生，展開新志業。當年年底，他趁著跨年，休息了一週，去加州的海岸小鎮大索爾（Big Sur）度假。度假期間，他的目標又變得更明確了。「那是我這五年或十年來最愉快的一週。我只做自己想做的事情，包括寫作三天。當下我覺得，我可以那樣過一輩子。」

那次度假經驗幫他消除了對未來的一切疑慮，他馬上覺得整個人好多了。原本的「存在性問題」突然變成很現實的問題：重點不是要不要離開，而是怎麼離開。

那週的記憶支撐著他繼續面對未來的幾個月，「每當我在工作上遇到困難、覺得自己在做困獸之鬥時，總是重溫那次經驗，並對自己說：『有一天我要那樣生活，而且我真的很喜歡那樣過日子。』我可以在記憶中觸摸、回味、感受當時的體驗。因為經歷過那一週，未來不再那麼抽象。有些人想像賣掉公司以後的生活，是打打小白球、搬到愛爾蘭或義大利生活等等，這跟他們的現況差太多了，所以毫無真實感，你無法讓那種夢想持續壯大，讓它持續支撐著你。」

如此過了一年半以後，康利才做了交易。那段期間，他接觸的潛在買家不下二十五家，最後談定的對象是吉奧羅資本公司（Geolo Capital）。吉奧羅是普立茲克家族財富的繼承者約翰・普立茲克（John A. Pritzker）所領導的私募股權公司。二〇一〇年六月，康利把喜悅人生的大部分股權賣給了吉奧羅。

十六個月後，吉奧羅把喜悅人生和另一家連鎖精品旅館集團湯普森（Thompson Hotels）合併起來。這次的合併使康利有機會進一步抽離營運，他也樂見這樣的發展。他卸下執行董事長的頭銜，但仍以「策略顧問」和小股東的身分繼續留在集團裡。

其實當時康利已經全力投入新的職業生涯了，但沒有完全切斷他對喜悅人生的情感，也沒有放棄對公司維持卓越的期許。他擔任執行長期間，喜悅人生從各方面來說都是一流的企業，但現在既然已經併入康繆旅館集團（Commune Hotels & Resorts，是吉奧羅資本為旗下眾多旅館集團品牌而設的管理公司），公司的命運不再是他所能掌控的。

康利接受了這個事實。事實上，他原本以為喜悅人生在被買下後可能會完全消失，尤其是湯普森的執行長（業界資深大老）接掌了合併集團的執行長一職。康利說：「我對喜悅人生的未來毫無把握，所以必須趕快適應這家我花了二十四年打造的公司，可能無法成為我人生的傳承。二十四年來，有許多年我沒有支薪，為什麼？我一直想要打造令人難忘又永恆的事物，一個大家可以效法的典範。但我已經走到再也無法發揮影響力的時候了。而我很清楚，要是太專注於無法掌控的事物，只會讓我陷入焦慮。況且，我的人生還有其他想要全心投入的事物。」

他當時已經開始撰寫新書《新CEO：做自己的情緒總管》（*Emotional Equations*），演講的行程也排滿滿。二〇一三年一月，他創立新事業Fest300，那是一套線上節慶指南，由他和幾位熱愛節慶的夥伴，選出全球最佳的三百大節慶。

接著，三月，Airbnb的創辦人兼執行長布萊恩・切斯基（Brian Chesky）找上門。Airbnb是風行全球的出租與租賃房屋的搜尋網站，切斯基說，他想把Airbnb打造成全球最受推崇的旅館公司，希望借重康利的才幹。康利答應先以兼職的身分擔任旅館顧問，但不到一個月旋即全職擔任Airbnb的全球旅館策略長。這時，喜悅人生在他的心中已是浮雲往事。二〇一四年初，他把康繆旅館集團的持股全變現了。

如今回頭去看，康利一點也不後悔出售那個占據他人生將近二十五年的事業。相反的，他覺得他留在喜悅人生太久了，如果能提早十年離開會更好。他說：「如果你生性好奇，喜歡不斷地學習，你會達到收穫遞減的臨界點。之後你再繼續投入時間和精力在同一個地方，收穫不會像以前或你需要的那麼多。」

他說他現在享有的樂趣，就像他以前在喜悅人生的全盛期那樣，但有一點不同，「當時的樂趣是沉浸在我全心投入的事業上，現在的樂趣則是不只全心投入，還要努力造福他人，參與比實現自我更宏大的事業。」

如果你打算一路做到掛……

康利坦言他很幸運，在原來的熱情開始降溫時，找到了新的熱情。不過，他的退場未必是典型的狀況，許多創業者的目標也是「打造令人難忘又永恆的事物」，但他們從未失去熱情，想要在自己打造的事業裡一直工作。

但終有一日他們還是會退場，即便是倒下被擔架抬出去，那也是一種退場。而且除非他們為那一刻做好充分準備，否則他們的事業在他們離開之後也不可能撐太久。更重要的是，他們還可能留下爛攤子讓別人來收拾。你需要更多的自我了解，才能預測這種風險，並採取必要的措施，免得最後世人只記得你離開所帶來的災難。

沒有人會指責辛格曼的共同創辦人保羅・薩吉諾（Paul Saginaw）和艾里・溫斯威格（Ari Weinzweig）缺乏這種自知之明。辛格曼是位於密西根州安娜堡的輕食店，創立於一九八二年。到了一九九二年，辛格曼已是享譽全球的美食連鎖店，廣受報章雜誌的報導。在達成原始目標以後，兩位合夥人面臨了接下來該做什麼的問題。經過兩年的密集討論與省思，他們想出一個願景：打造辛格曼商業社群（Zingerman's Community of Businesses，簡稱 ZCoB）。

那是一群在安娜堡地區開設的食品相關公司，除了販售輕食，也包括麵包店、餐廳、乳品店、咖啡烘焙店、糖果店、郵購事業、外燴服務、培訓公司等等。每家公司都是由管理合夥人共同擁有，管理合夥人在店裡工作，也在薩吉諾和溫斯威格所擁有的母公司「舞動夾心企業」（Dancing Sandwich Enterprises，簡稱DSE）工作。這是很大膽的願景，如果沒仔細想過自我定位、想要什麼以及為什麼，他們不可能想得出來。

但他們還是有一個盲點，溫斯威格被問及退場計畫時，惱怒地回應：「我何必退場？我創造出一個工作，讓我可以做熱愛的事情、環遊世界，和優秀的人才共事。我從來不吃劣質食物。我整天都在研究與指導他人，幫助大家過更好的生活。既然我想做的事情，在這裡都可以完成，那我為什麼要離開！」

至少薩吉諾承認退場總是會發生的，「我覺得現在還不需要退場，但我不可能永遠工作下去，所以我確實需要好好想一想，目前我們的退場策略是做到掛為止。」

對他們各自的人生旅程可能意外掛點，他們確實已經做好預防措施。例如，他們想過，萬一他們其中一人過世，公司可能會出現財務問題。國稅局一定會來收遺產稅，繼承者可能想把繼承的事業變現，所以活著的合夥人必須處理這些事情（他們倆已經達成協議，不讓任何繼承人進入事業）。於是，薩吉諾和溫斯威格為彼此投保了壽險，至少在理論上，可以為活著的那一個合夥人提供足夠的金錢，支應必要的開銷。

但是有家累的薩吉諾知道他們應該做得更多，「萬一第二個合夥人也掛了怎麼辦？」他偶爾會問溫斯威格這個問題：「萬一我們兩個人都掛了，公司的股權歸誰呢？」

溫斯威格當時還單身，他聳肩回應：「何必擔心那些？反正我們都死了，那時不管誰還在公司，他們想怎麼處理，就怎麼處理吧。」

幸好，後續幾年他們都健康地活著，也因此他們一直擱置退場和接班計畫。薩吉諾偶爾還是會提起那些問題，公司的行政副總裁兼財務長朗．毛爾（Ron Maurer）也認為他關切那些議題是對的。

毛爾是二〇〇〇年加入 ZCoB 的行政事業單位「辛格曼服務網」（Zingerman's Service Network）。二〇〇八年，毛爾介紹他熟悉的理財規畫師給薩吉諾認識，他們的討論凸顯出他們應該找人來實際估算公司的公平市價（fair market value，指買賣雙方對交易事項已充分了解並有成交意願之金額）。因為沒有實際的估價，他們也不知道兩人的投保金額是否足夠。於是，他們找了一家芝加哥的公司來做估價，結果顯示他們的保額太少，為了買新的保單，兩人都必須去做體檢。薩吉諾那陣子一直覺得不太舒服，所以一直拖著不去檢查，想等身體自然好了再去。

接著就發生一件事，徹底改變了一切。二〇〇九年七月的某日，薩吉諾去打網球，他覺得身體很難受，但還是把球打完，接著又過了一天半才告知住在加州的妻子。他的妻子逼他去醫院掛急診，後來檢查發現，他那天其實是心臟病發作。檢查結果令薩吉諾相當震驚，「在你去鬼門關前走一圈、聽醫生說你有冠狀動脈心臟病以前，你不會真正去思考身後事。」他說：「大多數人要到這個節骨眼，才會開始自我檢視。」

當死亡還懸在心上，從以前薩吉諾就很關心的 ZCoB 走向，突然變成了最緊迫的問題。他心想，萬一他和溫斯威格都撒手人寰，ZCoB 該怎麼辦？他們該做什麼以保障集團的其他成員？集團底下任何獨立事業的管理合夥人要是掛了，不是也會面對同樣的財務風險嗎？所以他們應該也要像創辦人那樣投保壽險才對。萬一兩個創辦人都走了，ZCoB 要如何管理？

二〇一〇年一月，ZCoB 在舊金山舉行外部會議，邀請十六位合夥人與會，薩吉諾在會上提出了這個問題。他主張他們需要為公司治理組成一個特別委員會，以思考 ZCoB 未來營運的可能問題。「我說：『我們真的應該思考如何交接所有權和控制權，那是兩件不同的事。當我和溫斯威格都不在時，問題不會是公司失去我們的專業或精神領袖，而是大家還沒有想好如何避免核心崩解，繼續運作下去。我們也需要思考整個體制如何擴大，我的意思是說，我們的治理模式目前運作得很好，但是那可以套用在三十個合夥人、六十個合夥人，甚至一百個合夥人上嗎？如果不行，我們應該做什麼改變？』」

大家都同意公司應該設立委員會，薩吉諾也押著最大的反對者（包括溫斯威格）加入，他說：「委員會成立之後，我的任務基本上已經完成了，我可以開始放空了。我已經達到我的目的，我的目的就是讓每個人思考這件事，尤其是委員會的成員。他們非常重要，我知道他們很擅長找出我們需要知道的事情。」

你追求的是財富，還是在創業中找樂子？

四年後，這個流程仍在進行。一個課題衍生出另一個課題，接著又衍生出另一個，連綿不絕。他們一起逐步想像兩位創辦人都不在時，事業將如何運作下去。例如，萬一其中一人過世了，如何選出新的執行長？萬一第二位創辦人也過世了，那會變成什麼情況？誰來接手舞動夾心企業（DSE）？還是讓它就此消失？若是消失的話，它持有的智慧財產權會變成怎樣？它從營運獲得的收入將流向哪裡？需要成立新的實體嗎？由誰擁有呢？DSE在每個事業裡的持股怎麼處理？諸如此類。

過程中，新的課題不斷出現，尤其是員工持股的問題。薩吉諾和溫斯威格一直想要設計出一種機制，讓員工也能持股，但難度很高，因為ZCoB不是商業實體，員工無法持有ZCoB的股權，只能以個人名義，或透過員工持股計畫（employee stock ownership plan，簡稱ESOP）*才能擁有股份。

當然，舞動夾心企業是商業實體，但是開放員工持有部分股權，對旗下事業可能產生難以預料的影響，引發薩吉諾和溫斯威格目前無法立即處理的複雜議題。他們也希望合夥架構中有幾位員工代表（一位為勞工代言、一位為顧客代言、一位為供應商代言、一位為社群代言），但是這個點子執行起來也很棘手。薩吉諾說：「所以我們只好擱下這些點子，一擱就是好幾年。」

但不管他們是否讓員工持股，公司都需要一套定期評估股權價值的方法。採用ESOP的私人企業必須由專業公司每年評價，而專業公司是用一套複雜公式來計算國稅局接受的公平市價，但溫斯威格不喜歡那種方法，他說：「你會得到一個類似黑盒子算出來的數字，沒人看得懂。我們在管理上向來財務公開透明，我希望每個人都能算得出這個數字。」他身為治理委員會的委員，開始研究幾種非傳統的處理方式。

在一場商務會議上，他認識一位荷蘭人，那個人介紹他一些不同的實用估價法。溫斯威格和同仁採用了那些點子，自己設計一套「商業價值」公式，以估算國稅局及法院認可的公平市價。他們使用公式計算時，得出來的結果很接近ZCoB雇用的專業評價公司所估出來的數字。所以合夥人決定採用他們自己的公式，但也定期進行「黑盒子」估價，以確保公式持久可靠。

薩吉諾回顧這四年來的歷程，坦言他們所規畫退場的方式確實難度頗高，「因為我們無法按圖索驥，只能摸著石頭過河，但這樣也更有樂趣。」這樣規畫退場，不會讓他倆的任何一個變得超級富有——當然，他們並沒有經營困難、勉強維持生計，但還是可以合理提問：他們在過程中是否放棄了理應獲得的報償？畢竟他們花了大半輩子打造這家公司，草創時期承擔了一切財務風險，這些

---

*員工持股方式有幾種形式，ＥＳＯＰ只是其中一種。那其實是一種退休計畫，由聯邦法規範。其他的形式還包括認股書（stock option plan）、員工股票購買計畫（employee stock purchase plan）、限制型股票計畫（restricted stock plan）、勞動合作社（work cooperatives）。第五章和第七章會有進一步的說明。

年來也擔負了大部分責任，從自己所創造的價值中獲得報償，難道不是應該的嗎？

薩吉諾也想過這點。「這個退場流程對我們來說比較省事。我們雖然個性迥異，但拚事業都不是為了錢。當然，我們都希望財務壓力小一點，可是當你明白你其實不需要很多錢時，就享有很大的自由，可以嘗試各種想法及實驗。錢只要夠用就好，這樣你就可以專心運用你的事業去創造最大的樂趣，給予更多人自主權。你可以打破常規，做很多為了追求大量財富而不敢放手去做的美好事物，因為當你想要很多財富時，永遠沒有足夠的一天。」

我們要等到兩位創辦人都離開人世，才會知道結果如何。薩吉諾和溫斯威格都沒打算在有生之年離開公司，從這個觀點來看，你確實可以說他們的退場策略依舊是「一路做到掛」。當這兩位大咖都離開公司時，很難想像公司依然維持不變。但起碼他們給予了繼任者很大的機會，去延續他們盡其一生為 ZCoB 所締造的佳績。他們之所以能做這種選擇，只有一個原因：他們清楚知道個人定位、想要什麼及為什麼。

第3章

能不能成交，關鍵是什麼？

如何打造一個隨時可賣、且能賣給理想對象的事業

時間是十一月的日暮時分，地點是加州充滿田園氣息的波里那斯（Bolinas）。雖然比爾．尼曼（Bill Niman）答應跟我談談他當初離開創辦公司的倒楣經驗，但他還有一些事要先處理。

首先，有七十八隻自由放牧的傳統火雞，牠們飛進林間、跳上圍籬，咯咯叫個不停。比爾和妻子妮可萊（Nicolette）努力把牠們趕入雞舍過夜，但牠們頑強地抗拒。同時，牛欄裡有一頭傷心的母牛，正等著他們夫妻倆過去處理。那頭母牛最近才剛分娩，但牛犢不幸夭折，比爾和妮可萊打算把另一頭被母牛遺棄的小牛跟牠配在一起。其他的牛隻散布在尼曼這片位於太平洋沿岸、占地上千英畝的牧場上。

基於法律的因素，如今尼曼的牧場取名為BN牧場。根據二〇〇七年他離開尼曼牧場（Niman Ranch Inc.）時所簽下的合約，他不能以姓氏命名任何肉品銷售事業，但他非常想從這個牧場賣出肉品。除了傳

統火雞和草飼牛肉以外，尼曼也打算和那些以自然方式放養與草飼的綿羊、肉豬畜牧業者合作。

不過，這次他不想打造像尼曼牧場那樣的全國性肉品公司了，他要把BN牧場打造成一座示範牧場，證明以人道的、最友善環境，且不施打生長激素和抗生素的方式來經營農場，不僅能供應最美味的肉品，還可以賺錢。

想必很多人會說他早已證明過一次，或起碼已經證明了他能「提供最美味的肉品」。早在一九七〇年代中期，尼曼牧場便以生產最頂級的美味牛肉、豬肉、羔羊肉，在全世界享有盛名，是高檔餐廳的菜單及貴婦超市的肉品包裝上，最早拿來標榜品質的供應商品牌。如今，尼曼牧場是美食界裡名氣最響亮的品牌之一。在尼曼牧場的發展過程中，尼曼也促進了永續農場、人道畜養等運動以及其他的理念。

但現在尼曼和這家掛著他姓氏的公司，已經毫無瓜葛。二〇〇六年八月，他把公司的多數股權賣給伊利諾州諾斯布魯克（Northbrook）的天然食品控股公司（Natural Food Holdings），那是希爾科私募股權合夥公司（Hilco Equity Partners，編按：已停業）的子公司。公司出售不久，尼曼就受不了新管理團隊所做的改變，毅然離開了一手創辦的公司，只帶走一頭母牛、一頭公牛與剩下的持股，沒想到這些持股最後竟然一文不值。二〇〇九年，股東特別會議投票決定，讓天然食品控股公司買下整家公司的股權。那些賣股資金用來償付最近的投資人以後，包括尼曼在內的老股東及持有普通股的股東，已經沒得分了。

於是，花了大半輩子創業、為肉品產業帶來革新、為肉品品質設立新標竿、建立知名品牌、累積數億美元的營收後，尼曼最後落得一無所有。事實上，你也可以說他還倒賠。現在他的姓氏掛在他不信任、也不會購買的產品上，他說：「連我自己都不吃尼曼牧場的牛肉，也不會推薦給別人。」

怎麼會這樣？自從離開公司後，這些年來，尼曼一直在思考這個問題。如今他和妻子及兩名幼子麥爾斯和尼可拉斯，以及愛犬克萊爾一起住在簡樸的四房住家中。現在，他坐在客廳，訴說著他當初在公司待不下去的原因。他語帶熱情，但臉上卻掛著無力的笑容。顯然他很在乎那些事，但現在似乎已經放下。尼曼牧場已不再是他生活的一部分，而就外表來看，他似乎很滿意現況。

我心裡想著：「那不然呢？」畢竟，他住在這個太平洋沿岸清新純樸的原野上，從事所愛的工作，與身兼環保人士及作家的妻子過著美滿的居家生活，兩個兒子相繼出生也為他的生活帶來新的喜悅。有一度，尼曼自問：「我想錯過這些嗎？當然不！這是我這輩子尚未做過的事，我要好好品味一番。」他停頓了一下又說：「但是我知道業界的狀況，每天都有動物遭到折磨，再加上我又有平台……實在很難平心靜氣看待這一切……。」他的聲音漸小，雖然他沒提到「懊悔」二字，但是那種情緒明顯飄盪在空中。

不，我察覺到他還沒放下尼曼牧場。當我說他似乎是心平氣和地離開公司，他惱火地回應：「有嗎？我超沮喪的，而且責任在我。」

從早到晚都在想，如何把這該死的事業賣掉……

前面提過，與其說退場是一個事件，不如說是事業的一個階段，而且是最重要的階段，因為它決定了在離開一手打造的事業過程中，你能不能得到你想要的東西。

這個階段的高潮是與賣家成交的時候，我們對交易的成敗通常取決於成交金額的大小，但是一筆好交易不能只看金額，還要看你對交易時機、交易對象的選項，能掌控到什麼程度。如果你是被迫出售事業給討厭或不信任的買家，或是在不想賣的時間點把公司賣掉，金額再高你都不會滿意。

這種情況就是有名的「強制出售」（forced sales）。強制出售其實並不罕見，而且隨時都有可能出於多種因素而發生。也許是業主突然過世，繼承人不出售事業就無法支付遺產稅；也許你是許多大廠的供應商，他們提出了你的公司無法符合的新規格；也許你失去了一家關鍵供應商，或是受到官司的嚴重衝擊，或是輕率做出會帶來不良後果的併購案，或是被診斷出罹患腦癌，或是需要收拾離婚的殘局。什麼原因都有可能，而魔鬼總是藏在細節裡。

羅伯·托梅（Robert Tormey）是強制出售專家，他以賣家和買家的身分接觸這類交易已逾二十五年。一九八八年，他首次接觸到這個概念。當時被迫出售的是位於加州聖塔巴巴拉（Santa Barbara）的一家小型金融服務公司，那是三位合夥人在幾年前一起創辦的事業，托梅就是其一，公司成立時他才三十出頭。

托梅從小就對數字很感興趣，商學院畢業後，他加入安達信會計師事務所（Arthur Andersen）。取得會計師資格後，他轉往希爾森雷曼／美國運通公司任職*。一九八五年，他靠著買賣股票賺了很多錢，決定辭職，和兩位工作上的朋友一起創業。他說：「在希爾森時，我手底下管著二、三十個人。我算了一下後心想，創業可能有多難？」

結果比他想的更難。托梅很快就發現，他低估了在受到嚴格規範的金融業裡成立零售券商的難度，而且當時金融業正好因為其他因素（例如嘉信理財〔Charles Schwab〕之類的折扣券商崛起）而經歷急遽的變動。幸好，他們的公司還有兩項業務，可以抵銷零售業務所面臨的挑戰：富豪理財及企業金融。托梅負責經營企業金融，該業務是為年營收介於一千萬到五億美元之間的中型企業處理資本交易。

黑色星期一股市崩盤時，托梅的公司尚未在業界站穩腳步。在致命的那一天——一九八七年十月十九日，道瓊工業指數出現有史以來的單日最大跌幅，暴跌了二二．六％，全美的券商幾乎全面停擺。

*編按：一九八四年，雷曼兄弟被併購，成為美國運通公司子公司，並與希爾森公司合併為希爾森雷曼／美國運通公司（Shearson Lehman/American Express），直到一九九四年美國運通要與投資銀行業務切割，才又被獨立出來，成為雷曼兄弟控股公司（Lehman Brothers Holdings, Inc.），一直到二〇〇八年倒閉。

沒有一位合夥人預見這天的到來，他們對緊接著發生的動盪都毫無準備。托梅說：「我當時只覺得這完全超乎我的理解能力，零售業務一夕間全沒了，哪裡還有人會想買股票。我們的零售經紀業務每個月都在虧損，當時我滿腦子只有一個念頭：『要怎麼擺脫這個燙手山芋？』」

要擺脫只能賣掉了。但想在黑色星期一之後出售經紀業務，比登天還難。整個產業大幅萎縮，他們頂多只能去找想在聖塔巴巴拉地區開分行的券商來收購。在此同時，托梅即使知道這家公司沒救了，也只能加班繼續把公司撐起來。「那是我第一次了解強制出售。你已經走到一個地步，整個事業把你掏空到不能再空了，你從早到晚滿腦子都在想，要怎麼把這個該死的事業賣掉。」

最後他們終於找到一家位於新港灘（Newport Beach）的證券商，願意接手這個燙手山芋。交易還沒完成，托梅就先離開了。「基本上我們是認賠殺出，我們的股權一文不值，我是賠了一些錢進去才得以先抽腿。」

這段早年短命的創業生涯，為托梅開啟了日後長遠的成功職涯。他開始擔任中型市場領域的財務長和顧問*，他的專長在於協助經營困難的公司。如今他可以信手拈來一則又一則企業被迫出售的故事，有的是他待過的公司，有的是他幫雇主收購的公司。

例如，有一家獲利正在成長的企業，年營收逾三千萬美元，幾個合夥人突然決定跨入房地產開發業，於是他們向公司借款，以入股的方式參與一個兩百單位的花園公寓建案，資金不足的部分，則向一家非銀行機構貸款來補足。

結果正如經常發生的那樣，建案出了問題，不斷延遲交期。那家企業的合夥人都不熟悉營建業，所以沒料到會有這種問題發生。貸款到期時，他們找不到購屋貸款融資者（permanent lender）**來償還之前從那家非銀行機構取得的過渡性貸款。

等建案終於完成時，國際信貸市場開始緊縮。更糟的是，建案落成太晚，在建築貸款到期時，銷售率僅達四成。那幾位合夥人找不到購屋貸款融資者，又沒有足夠的財力自己融資。於是，貸款業者取消了他們建案的抵押贖回權（編按，意思是付不出貸款所以建案被貸款業者收走），這些業主也失去了他們對這個建案的股權投資（也就是他們從公司借來的錢全賠光了）。

他們去找會計師時，會計師指出，公司的財務報表不能繼續把應收票據列在資產的欄位裡，因為那些票據是以他們對建案的股權投資做為擔保，而今建案已喪失抵押贖回權，等於這幾位合夥人欠公司的錢已經沒了擔保品，他們的還款來源只剩下公司的薪水。因此，根據會計準則，公司必須把剛虧損的錢視為應稅股利，從盈餘與股權中扣除。扣除額會降低他們的個人資產淨值，使他們違

*編按：美國金融業一般把投資銀行分為大型（Bulge Bracket）、中型（Middle Market）和小型（Boutique）三類。中型一般是指規模在五千萬到十億美元之間的投資銀行業務，或是股權價值在五億到五十億美元之間的客戶，中型投資銀行主要為這些客戶服務。

**譯註：在建築完成後，為房地產專案提供十五至三十年長期融資的房貸業者。

約，無法償還對主要銀行的大筆貸款。於是銀行要求公司還款，迫使他們把公司賣給一家供應商。至於這幾位昔日戰友，在揮霍完他們曾經擁有的寶貴資產後，也開始互相控告對方、對簿公堂。

以上是業主可能被迫出售事業的狀況之一，雖然說不上是典型，但強制出售其實沒有所謂的「典型」，不幸的結局通常各不相同。不過，他們還是有一個共通點：業主都沒有為意外狀況預作準備。至於他們沒有預作準備的確切原因，以及該做哪些準備以免被迫賤賣公司，可能每個案例都不一樣。但在每個案例裡，業主都忽略了某些缺點或弱點。等問題導致缺點浮現時，公司除了破產或清算外，就只剩下強制出售一途了。

如果你想「變成氣派的大公司，然後大撈一筆」……

尼曼也不是典型的狀況，但他的個案確實可以顯示，即使是精明又經驗老到的成功企業家，也可能因為一帆風順而失去警覺。在此，我指的成功企業家是一九九〇年代加入尼曼牧場的高階管理者和投資人，當時尼曼牧場的經營陷入困境。

尼曼牧場在一九七〇年代初期創立，之後一直沒有獲利，要不是一九八四年好運突然上門，可能早就結束營運了。當時國家公園管理局決定把尼曼牧場納入雷斯岬國家海岸公園（Point Reyes National Seashore）的範圍，政府以一百三十萬美元的價格向尼曼及其合夥人夏偉（Orville Schell）

購買舊金山北部的波里那斯，共兩百英畝的土地，並賦予他們終生在當地居住及畜牧的權利，也讓他們承租鄰近八百英畝的土地。兩年後，尼曼和夏偉說服 Esprit 成衣公司的共同創辦人蘇西．湯普金斯．布耶爾（Susie Tompkins Buell）借給他們五十萬美元。於是，他們以政府買地的資金以及布耶爾的貸款，支應公司後續十年的虧損。在此同時，由於灣區的高檔餐廳開始在菜單上打上尼曼牧場這個品牌，他們逐漸打響名氣。

不過，到了一九九七年，他們已經耗盡來自政府與布耶爾的資金，公司因為繳不出貸款而陷入破產危機。然後，尼曼突然接到矽谷資深高階主管邁克．麥康奈爾（Mike McConnell）的電話。麥康奈爾問尼曼能不能讓他的乾兒子到牧場上工作，「尼曼說：『我其實不需要人手，但我這裡有個商機。』」麥康奈爾回憶道：「他想擴張事業版圖，但夏偉不肯。」麥康奈爾當時已在科技業致富，他馬上以五十萬美元買下夏偉的股權，成為尼曼的合夥人。幾個月後，雀巢公司的前高管羅勃．赫伯特（Rob Hurlbut）找上尼曼，他想創立海鮮事業，請尼曼給他一些建議，尼曼乘機邀他加入公司。

麥康奈爾和赫伯特的加入，成了尼曼牧場的轉捩點。這兩位新合夥人都是企業人士，不是像尼曼那樣的牧場主人。他們認同尼曼的價值觀和使命，不過真正吸引他們的，是有機會在一般食品業裡打造一個享譽全國的品牌。

他們加入公司的時機正好，那時尼曼開始和愛荷華的養豬業者保羅．威利斯（Paul Willis）合作，威利斯對於重振中西部的傳統養豬業懷抱獨特的願景。當時美國中西部有數萬個家族養豬場結束營運，或是被超大型的室內養豬工廠併購。威利斯和尼曼一起建構供應商網絡時，突然接到全食超市（Whole Foods Market，美國有機食品連鎖超市）的來電。全食超市表示，他們想為所有的門市採購自由放養的豬肉。這對尼曼牧場來說是極大的商機，不僅因為銷售的數量龐大，也因為豬肉的利潤比牛肉或羊肉高，他們生產的牛、羊肉其實沒有賺錢。

赫伯特專注於這筆豬肉交易時，麥康奈爾開始為公司的擴張籌資。他說那很容易，因為當時適逢網路狂潮，而舊金山灣區想要一夕致富的風潮最為狂熱。儘管當時尼曼牧場的獲利很微薄，但投資人根本不在乎。大家只在乎品牌和可擴張性，唯有一馬當先才能獨占先機。尼曼牧場雖然獲利微薄，但有強大的品牌和看似可擴展的商業模式，所以迅速成為熱門的投資標的。一九九八年到二〇〇四年，麥康奈爾向七十五位投資人募集到一千一百萬美元的資金。

尼曼看到那些熱錢對企業文化的影響時，原本有一些疑慮，他說：「我們不再穩紮穩打，步步為營，反而開始花錢打企業形象、參加展銷會、聘請顧問來主持公司的策略規畫會議，反正就是一般企業愛做的事。我們不再東省西省，做起事來也不再像以前過得苦哈哈時那樣。」但他擱下疑慮，沒有提起。「我內心想：『我懂什麼？這些人在商場上打滾了那麼久，看過其他公司怎麼運作，這樣做肯定是對的。』我也必須坦承，當時我的確被『變成真正的大公司，對業界發揮巨大影響力』的概念迷住了。從頭到尾，投資銀行都告訴我：『這家公司可以賣到一億美元，你的持股能分得到三千萬美元。』這個數字也令我財迷心竅。」

他的境遇當然不是特例。當時整個商業圈幾乎都陷入網路狂潮，尼曼牧場具備了網路狂潮所在乎的一切特質，除了一點：它是肉品公司，不是網路公司。當時大家普遍認為「品牌資產」（由業績成長來衡量）就像銀行裡的現金一樣值錢。尼曼牧場有雄厚的品牌資產，而且隨著業績迅速成長，品牌資產每個月不斷地累積，沒有人擔心他們的獲利薄弱。「我們當時把所有收入都重新投入公司。」尼曼回憶道：「我們把焦點完全放在提高營收上。」

不過，在現實世界裡，除非你的商業模式在營收擴張時可以開始獲利，而且你有足夠的資金撐到那個時候，否則這樣的策略，長期下去是行不通的。尼曼牧場在豬肉方面有長久持續下去的商業模式，那是赫伯特和威利斯一起開發出來的，但是在尼曼擅長的牛肉方面，尚未開發出類似的模式。赫伯特曾試圖說服尼曼，把豬肉的商業模式套用在牛肉事業上，但尼曼不肯。麥康奈爾指出：「尼曼總是說：『你那樣做的話，會毀了這個品牌。』董事會也不是很確定那樣行得通，所以不敢推翻尼曼的意見。」

但是把一切都怪到尼曼的頭上既不公平，也不正確。募資以後，尼曼的持股只剩一二．五％，當時他周遭都是經驗豐富的企業老將了——不光是赫伯特和麥康奈爾，還有掌控董事會的投資人。他們早該看出商業模式若無利可圖，是無法持久的，但他們並未著手改變，即使周圍的網路泡沫開始破裂，他們依然毫無自覺。

直到二〇〇六年，他們才看清真相。那一年，尼曼牧場營收約有六千萬，但虧損約四百萬，現金快要燒光，股東們卻不願意再挹注資金。由於公司的未來全靠品牌資產的價值，董事會決定要找出這個品牌的真正價值，所以有長達半年的時間，他們接觸了很多潛在收購者。他們很快就發現，尼曼牧場的價值遠不及股東所想的及投資銀行哄騙他們相信的那麼高。他們只收到一家公司的出價，希爾科私募股權合夥公司開價五百萬美元，想取得四三%的股份與表決控制權（voting control）＊。

眼看破產迫在眉睫，包括尼曼在內的股東看到還有公司願意投資尼曼牧場時，都鬆了一口氣。此外，希爾科及其子公司「天然食品控股公司」的領導者，似乎都認同尼曼牧場的價值觀和理念。雖然他們再也不需要赫伯特和麥康奈爾，但堅持尼曼留下來當董事長及公司的發言人。尼曼答應了，不過他堅持雙方要簽聘雇合約，明訂他未來離開公司的條件。後來證實，這是非常明智的防範措施。二〇〇六年七月，公司出售不到一個月，尼曼和新業主的關係就開始生變，一年後尼曼就離開了。

現在尼曼認為，他最大的錯誤是把公司的控制權交給赫伯特、麥康奈爾和董事會。不過，我們也不清楚當初他若是緊抓著控制權不放，結局會有什麼不同。他坦言，最終使他一敗塗地的是「變成氣派的大公司，然後大撈一筆」的錯覺。他不是第一個毀於那種癡心妄想的退場業主，也不會是最後一個。

想讓公司賣相更好？試試「創意偏執症」吧

現在，你可能會問：「我要怎麼避免公司被逼到強制出售，畢竟被迫出售的因素，可能是我無法掌控的呀！」

沒有任何措施能保證你不會遇到那種狀況，但你可以強化事業的應變力以加強安全感。為此，你必須經常尋找事業的弱點，加以改進，並自問很多「假設性」（what-if）問題。春田再造控股公司的史塔克說，那個流程背後的原動力叫做「創意偏執症」（creative paranoia），就像英特爾的安迪．葛洛夫（Andy Grove）所說的：「唯有偏執者才得以生存。」

但這種偏執症有個好處：如果你想在企業裡打造最大價值，並以想要的方式退場，這是幫你達成目的的最佳工具。總之，它可以讓公司的賣相更好，那是漂亮退場的另一個要件。

---

*編按：當股東持有超過公司三分之二以上（六七％）股權而在股東會表決時占有絕對多數，等於擁有「股東絕對控制權」，因為這樣就能藉由控制公司股東會控制董事會，再透過控制董事會控制公司管理層，從而實質掌控公司的決策、執行與管理。若是股權在六七％以下、三〇％以上，並且是公司最大股東，與其他股東合併表決很容易達到六七％以上，則稱為「股東相對控制權」，希爾科即是屬於這個情況。因其持股占比相對較大，只要否決或棄權股東會的決議，就能影響公司股東會決策、董事會選舉，從而控制公司的營運。

我得先說清楚我所謂的「賣相」（sellability）是什麼。一方面，只要有買家願意收購，公司就賣得出去（sellable）。但這種說法，有說等於沒說，畢竟強制出售的公司也賣得出去，但不表示它的賣相很好。

話說回來，絕大多數的小公司是連賣都賣不出去的。美國商會的研究顯示，待價而沽的公司裡，只有二〇％賣得出去，所以每五家有意出售的公司，就有四家乏人問津。很多想出售事業的賣家，連交易市場都進不了（有一項研究預估，高達六五％到七五％想把事業脫手的業主是如此），他們很早就知道他們找到買家的機率微乎其微。

但是想要退得漂亮，你不光是需要找到願意出價的買家，還要能從容選擇何時退場，以及選擇你離開以後，誰將擁有公司。後者在某種程度上取決於你的公司屬於哪種類型，例如，許多小企業主把頂讓公司當成謀生的方式。這種事業有的可能賣得掉，但潛在買家通常只限於家族成員、員工，或是想當老闆、想找餬口小生意的人。在這種情況下，業主的最佳選擇可能是放棄頂讓出去。只要該事業能夠維持你的生活所需，為你累積足夠的退休老本，其實繼續經營下去比較好。

科技新創公司則是另一種類型。溫哥華策略退場企業（Strategic Exits Corp.）的退場策略專家貝索・彼得斯（Basil Peters）指出，這種公司的規模和獲利，與他們賣不賣得出去沒有關係。他表示，科技公司的業主只要證明他們的商業模式可行，公司就過了「賣得出去」的門檻，不必達到特定的營收或盈餘。

例如，有重複性收入的事業（例如收月費的服務）必須能夠記錄（一）每個顧客的毛利，（二）顧客持續擁有會員身分的時間長度，（三）招攬顧客的成本。「換句話說，就是每個顧客的價值以及招攬每一位顧客的成本。」彼得斯解釋：「而且得是實際資料，不能是預估值。」

其他類型的事業必須以不同的衡量指標來證明其商業模式可行，有的可能需要五或六個指標。彼得斯指出，重點是，「如果有人要投入資金，該事業的價值是多少」，你的預估值必須具有可信度，雙方才有可能在真實情況的基礎上來議價。當然，其他的因素可能也有影響，例如競爭狀況和市場趨勢，但是相對於公司目前的營收或獲利，上述的扎實資料對買家來說比較重要。

事實上，彼得斯主張，業主在證明商業模式可行以後，就該認真考慮出售事業了。「在前景看俏時賣出事業最好。」他說：「你能賣出是根據前景，而不是現況。只要你有足夠的資訊證明商業模式可行，那通常也是價格最好的時候。如果你繼續觀望，風險是接下來的出價可能只會走下坡。對絕大多數的創業者來說都是如此。」

彼得斯有一些事實和數據可以佐證他的論點，這些例子無疑都與喜愛創業及出售公司的創業者有關，他們大都無意長期擁有公司。但是絕大多數的創業者不是這一類，尤其是那些經營事業多年或商業模式老早就證實可行的老闆，都不屬於這一類。那種老闆，需要以不同的方式來思考公司的賣相。

第一步：了解賣家賣什麼，買家買什麼

第一步是了解，你出售事業，究竟是賣出去了什麼？答案是未來的現金流量。

買方起初想要收購事業的動機，或許是為了別的原因，例如想要提高收益、進入新市場、擊退競爭對手或整併產業。不過，最後進行分析時，主要是看長期的現金流量。收購者都期待，該事業被他收購以後，未來的現金流量比收購之前高。創投業者、私募公司、天使投資人都抱持相同的期待。收購事業的家族成員或員工也應該抱持同樣的預期。如果他們收購的事業以後只能提供更少的現金流量，那很可能是一筆糟糕的買賣。

我假設這條規則可能有例外，但我實在很難想像例外是什麼。畢竟營收、市占率、綜效又不能拿來花用，這些東西也很重要，但只是抽象概念。現金才是重點，因為這是你唯一可以拿來花用的東西。大家之所以收購事業，就是為了獲得更多現金。

這正是收購者常以「稅前、息前、折舊前、攤銷前的利潤」（earnings before interest, taxes, depreciation, and amortization，簡稱 EBITDA）來衡量「非科技公司」價值的原因之一，因為 EBITDA 的數值可以大略衡量「自由現金流量」（free cash flow）。你可以把它想成公司每年支付所有的營運成本和費用後，但尚未納稅及付息以前（有的公司可能不需要支付利息），以及扣除折舊和攤銷以前（這是反映某些資產的成本與生命週期的會計慣例）的現金量。這個數字比淨利更能反映出事

業的營運狀況＊。

一旦你意識到你是在出售公司未來的現金流量，就能推斷精明的買家會關心你事業的哪些狀況。首先，他們會對你目前的現金流量以及未來幾年現金流量的預期成長幅度很感興趣。第二，他們會判斷上述預測值的可靠程度，也就是說，公司出狀況的機率有多大？所以想要提高成交的機率，你顯然需要展示公司未來的成長潛力，並降低買家承擔的風險。由於收購者評估風險時，是仔細檢視公司過去的績效，你打造事業所做的一切都會影響你出售事業的能力。

當然，有的買家可能觀點不同。收購者可能覺得，購買你的事業可為他的公司提供目前欠缺的能力，或是打進新市場，或因此併吞一個競爭對手，從而幫他在未來創造更多的現金流量。如果是這樣，那麼這個買家比較感興趣的，可能不是你公司的規模大小或獲利高低，而是專利和商標的實力、既有的顧客關係能否轉移等因素。這類的收購者，就是所謂的策略型買家，而不是財務型買家。

財務型買家主要是指私募股權公司之類的買主。策略型買家，顧名思義，是想從策略上強化自己。財務型買家的目標是把收購的事業養大，過了三到七年後，再以更高的價格賣出。財務型買家

＊理論上來說，自由現金流量是 EBITDA 減去「非現金營運資金的變化」（主要是存貨和應收帳款），再減去「常態性的資本支出」（通常縮寫為 CAPEX）。不過，為了簡單起見，買家和賣家通常只以 EBITDA 的倍數來討論事業的價值。

通常比策略型買家好找，他們用來衡量潛在收購對象的標準也比較一致。

這些買家衡量的標準很重要，還有一個理由：當你打造公司時，若是隨時謹記著這些標準，不但將來要出售公司更容易，也可以在過程中讓公司變得體質更好、根基更穩固、經營得更長遠，因為財務型買家通常是最挑剔、講究的收購者。他們必須對投資人負責，而投資人只在乎其投資組合的財務績效。所以財務型買家必須非常擅長找出公司的弱點及獨到的強項，他們自有一套衡量潛在收購對象的方法。業主即使不打算把事業出售給財務型買家，也可以拿那些標準來找出事業的優、缺點，這麼做也能嘉惠未來的業主（家族成員、員工或任何人）。

第二步：客觀地為公司賣相打分數

私人企業的精明業主早就知道，學會專業投資人評估公司的方式多麼好用。他們使用的方式包括找來併購（M&A）專家分析自己的事業，邀請專家加入諮詢委員會，或是透過實質審查來進行模擬測試。市面上也有越來越多的軟體工具，可以幫助你從投資者的觀點來評估事業的優、缺點。

瓦瑞勞就是這種軟體的開發者，他算是湊巧接觸到這種分析工具的市場。第一章提過，二〇〇八年他出售第四家公司後，展開了寫作與演講的新職涯。那段期間，他寫了一本書《公司賺錢有那麼難嗎》（*Build to Sell*），書中是以虛構的方式，描述一位廣告公司業主，如何把原本賣不掉的公司變成可出售的事業。

為了幫書做宣傳，他架設了網站 www.builttosell.com，並在上頭張貼出賣相指數（讓業主概略知道公司賣相的簡單測驗）。他沒料到的是，他開始收到越來越多人使用那個測驗的通知。他說：「我突然明白，這應該是在暗示我什麼吧。」於是，他開始研發更好的評估工具，把它命名為「賣相得分」（The Sellability Score）。

他當然不是唯一一個想到要這麼做的人。亞利桑那州梅薩市的 B2B CFO、佛蒙特州諾維奇市的 CoreValue Software、喬治亞州賈斯珀市的 Inc. Navigator、澳洲新南威爾斯布魯克瓦爾市的 MAUS Business Systems 都是類似的系統。

這些工具可以幫業主處理最困難、最重要的任務之一：學習以客觀的方式，從投資人的觀點檢視自家公司，排除創辦人對公司人事物的情感羈絆。學會這種技巧的業主比較不會遇到強制出售的情況。他們在離開公司之前與之後，對自己和公司的狀況都有較多的掌控力。

不過，我必須趕快補充，這些評估系統都沒有提供增加賣相的實務指南，也不保證你的公司將來可以高價求售。他們只是提供一套指標，指出你的公司可以改進的方向。有的系統是以儀表板的方式呈現，你可以用它來追蹤關鍵變數的進展。有的系統是採用定期評估的方式。他們在凸顯關鍵變數方面都做得很好。

例如，「賣相得分」系統是讓業主回答一系列攸關事業的問題，然後算出總分以及影響公司賣相的八大因素得分*。不過，我認為對多數業者來說，分數高低不是重點，附帶的報告反而比較重要，裡頭包含改進八大因素的指導課程。

第一個因素是財務績效。這堂課是探討投資人為某事業算出估價的思考流程。裡面有一項練習，說明如何計算公司的「現值」，這個現值會受到投資人感受到的風險程度影響。小公司的風險主要是看其相對規模而定，所以有所謂的「小公司折價」（small company discount）。

第二個因素是成長潛力。這個單元會更進一步展示，成長率對現值計算的影響。當公司的預期成長越快時，現值就越高。所以，就像前面提過的，對買家來說，事業的可擴張性是一大重點。報告中提出業主可以考慮的幾個擴張方法，例如地域擴展、為既有的顧客推出新產品、招攬新顧客以善用閒置產能、為不同的生活方式調整產品或服務。

第三個因素是過度依賴（瓦瑞勞稱之為「瑞士結構」，意指中立和獨立的好處）。這是指公司要避免過度依賴任一顧客、供應商或員工，以免失去該顧客、供應商或員工之後，公司就一蹶不振了。投資人會特別注意「顧客集中度」，他們覺得業績集中於少數幾位顧客很危險。只要有一個客戶的業績貢獻度占總營收一五%以上，公司的現值就會打折。

第四個因素是現金流量。公司越有能力用自己創造的金流來支應事業成長，就越不需要外部資金。買家對不太需要外部資金的事業出價較高，對需要外部資金的事業出價較低，瓦瑞勞稱之為「估價翹翹板」（The Valuation Teeter-Totter）。這個單元建議了幾種增加現金流量的方法，例如縮短向顧客收款的時間，延長付款給供應商的時間。

第五個因素是重複性收入。這很重要，因為這點確保了未來的部分營收，從而降低了買家承擔的風險，提升了事業的價值。瓦瑞勞提出幾種重複性收入，包括不得不持續消費的耗材（例如牙膏、洗髮精、衛生紙）、可續約的訂閱（例如報紙、雜誌）、沉沒成本式的續約服務（例如彭博金融終端機）**、自動續約服務（例如檔案儲存）、一次綁約多年（例如手機通話費）。未來的營收越確定時，風險就越低，公司的市值也越高。

第六個因素是獨特的價值主張（瓦瑞勞稱之為「獨占優勢」）。競爭對手越難模仿你的公司產品，降價的壓力就越低。巴菲特曾經說過，他收購的對象要有「護城河」保護，護城河越寬，越能抵禦競爭對手攻進來搶顧客。當你有堅不可摧的競爭優勢時，護城河最寬，那可以降低收購者承擔

---

*我這裡舉「賣相得分」系統為例，不是因為它比其他系統好。我並未仔細研究過每個系統，所以無法判斷優劣。這個系統與其他系統的差別是，它是免費提供給業主使用的。瓦瑞勞的進帳來自仲介、併購律師、財務顧問，以及投資銀行業者，他們付費加入他建構的網路。業主只要填寫線上問卷，系統就會製作出一份報告，寄給併購專業人士。那些專家會聯繫業主，與他一起討論那份報告，並根據系統找出的缺點，建議一些讓公司賣相更好的方法。

**編按：彭博金融終端機（Bloomberg Terminals）是一種金融資料服務設備，多販售給交易員或基金經理人，每台收取年費二．二萬美元，客戶從金控、銀行、投信、相關政府機關到企業財務單位都有。

的風險，也會提高事業的價值。

第七個因素是顧客滿意度。這裡的重點是公司必須已經建立一套嚴謹又一致的方法，來衡量顧客滿意度。光有滿意顧客的見證以及顧客滿意調查還不夠。忠誠度大師費德列克・雷克海（Frederick Reichheld）開發出活廣告淨值法（Net Promoter Score），並在其暢銷書《活廣告計分法》（*The Ultimate Question*）中闡釋說明。瓦瑞勞追蹤了許多經營完善的公司，大大小小都有，他們都採用這個方法。

活廣告淨值法能預測「顧客再次回購」以及「推薦其他客人來買」的可能性，這兩點都是驅動業績成長的主要因素。它只問一個問題：「以一到十分來評估，你向朋友或同事推薦我們公司的可能性有多高？」答九或十分的顧客算是「活廣告」（P），他們最有可能回購及推薦他人來消費。答七或八分的顧客算是中性或所謂的「被動滿意」，其他的顧客都是「負宣傳」（D）。

活廣告淨值的算法是：P的百分比減去D的百分比。瓦瑞勞指出，這種方法對中小企業特別有效，因為：（一）容易衡量，（二）和投資者採用共同的語言，（三）便宜，（四）具預測性。

第八個因素是管理團隊的實力。這一點其實是指業主的決策角色。如果關鍵決策都是由業主決定，業主離開以後，難免會出現公司如何繼續營運下去的問題。潛在買家會特別注意顧客關係，因為顧客可能是對業主忠誠，而不是對公司忠誠。公司在少了業主之後，如果能運作得更好，公司的賣相就越好。

當然，如果你能吸引多種潛在買家（包括財務型買家、策略型買家、員工、管理者或家族成員），你在決定交易對象時，籌碼也越多。但只要把事業打造成私募公司想收購的樣子，你就能吸引到各種類型的買家。

第三步：從私募股權的角度來看公司的價值

未來幾年，私募股權集團（private equity group，簡稱ＰＥＧ）將會買下成千上萬家公司，但願原因是私募股權的資金氾濫，投資人逼他們投資的壓力很大，這也是這個產業最近幾年面臨的一大問題。貝恩顧問公司（Bain & Co.）指出，二〇一四年，私募股權公司有一兆美元以上的「待投資金」（dry powder，指已募集、但尚未進行投資的資金）。

投資人之所以把錢投入私募股權公司，是因為他們希望獲得比其他投資標的更高的報酬率，但是除非私募股權公司把錢投入成長中的事業，否則他們也得不到高報酬。待投資金閒置越久，投資人就越不高興，而且他們也不會跟私募股權公司客氣，有任何不滿一定會表達出來。此外，ＰＥＧ也有時間限制的問題，他們若是沒在一定時間內投資（通常是五年），就會失去資金的取用權，進而傷害未來的募資能力。

但這不表示業主想把公司賣給ＰＥＧ很容易。強制出售專家托梅說：「ＰＥＧ在投資之前，已經研究過數百家企業。」過去二十年，托梅曾與三十多家私募股權公司合作，「我曾經透過投資銀行賣出兩家公司。第一次，我們的投資銀行發了一百多份私募招股說明書（placement memorandum）給合格的ＰＥＧ。我們收到五份意向書，這已經算是很高的成功率了。第二次，我們也是發出一百多份私募招股說明書，結果收到三份回覆及一份意向書，這個比率並不少見。ＰＥＧ每選定一個事業投資時，都表示他們也放棄了上百個投資機會。」

未來幾年，隨著戰後嬰兒潮世代（據估計他們擁有近四百萬家美國企業，底下都有員工）湧入市場，把公司賣給ＰＥＧ以求變現的情況只會增加，不會減少。光是從這個前景來看，業主就應該學習了解ＰＥＧ評估事業的觀察重點，並把學習心得運用在自己的公司上。

不過，我得補充一下，ＰＥＧ很少投資EBITDA小於五百萬美元的公司。公司必須每年起碼創造出那麼多的現金流量，才有可能獲得ＰＥＧ的青睞，因為ＰＥＧ必須達到他們對投資人承諾的報酬水準（下文會解釋）。

但你不必達到EBITDA至少五百萬美元的門檻，也能培養出精明投資人和收購者所看重的紀律和最佳實務。只要能做到那樣，你就會有一家穩健、靈活、更有價值的公司，最後你要選擇任何退場方式都很容易。你需要資金以擴大公司營運時，也比較容易籌募到資金。

托梅在他尚未公開發表的白皮書《退場策略的醞釀：從私募股權交易記取的教訓》（*The Care and Feeding of Your Exit Strategy: Lessons Learned from Private Equity*）中，描述他在一家製造商擔任財務長的經驗，該製造商是由PEG持股擁有。當時那家公司正在進行「產業整併」（roll-up）——亦即買下產業中幾家較小的公司，把它們整併成更大的實體。托梅負責的部分是企業發展，範圍從發掘收購目標到整併合一都包含在內。他說，他們向來不缺潛在的收購對象，他和同事每看五家以上的潛在對象才收購一家。

如今回想起來，他說他覺得最有意思的部分，是收購過程也回頭影響他們經營自家公司的方式。收購久了以後，他們逐漸採取他們希望在收購對象上看到的實務做法。「我們開始要求我們的行動和計畫都要創造企業價值，我們也開始追求EBITDA的提升，不再那麼關注節稅金額。我們小心翼翼地守著營運資金，密切追蹤應收帳款，採購時主要是看付款條件，而不是只看價格高低。那時我們開始重視營運資金的報酬，以及善用現金流量以取得額外借款的方式。我們也確保我們底子打得夠好，隨時都有足夠的錢來支持我們賺得更多，所以我們在兩年內，就把營收從八百萬美元大增至四千萬美元。」

換句話說，當你採用精明收購者（例如PEG）想在潛在收購對象上看到的實務做法時，你可以打造出一家有足夠財力達成任何目標的公司，而且無論你最後是否決定把公司賣給那種收購者都無所謂了。為什麼呢？因為那些實務做法可以幫你取得資金。雖然取得資金不是唯一的重點，但是對想要靠事業實現夢想的人來說，足夠的資金是必要的條件。募不到資金（無論是自己或他人的資金），就難以實現夢想。

別只看到舉債，注意舉債後必須達成的財務紀律

你可能會問，為什麼收購者那麼重視這些管理實務？我們來看PEG如何從交易中獲利好了。切記，他們的目標是把收購的公司養肥，養個三到七年以後，再以高價賣出。為了達到這個目標，他們會改變收購公司的資本結構，導入股權資金，然後大幅舉債。這樣一來，最後那家公司終於出售時，投資人可以獲得較高的報酬率*。

在這裡，獲得貸款是關鍵。在大部分個案中，主要的舉債來源是銀行，但不是普通的銀行貸款，而是一種特殊貸款，名叫高槓桿交易（highly leveraged transaction，簡稱HLT）。HLT的準則是由聯邦監管機構制定的，那些規定是放在信貸協議中，與一般貸款協議截然不同，也比一般貸款的規定嚴格。

例如，典型的HLT信貸協議會明確規定，公司每三個月期的EBITDA至少要達到多少，而且是整個合約期間都會按照日期標示出每期EBITDA必須達到的底限，合約期間可能長達七年或十年。

很少有私人企業能達到這種程度的財務紀律，試想一下，那表示業主承諾未來每季的EBITDA至少要達到某個水準，而且長達十年都必須達標。此外，這個承諾還要搭配長期的商業計畫，計畫裡還要詳列業主和管理團隊打算如何執行。

如果公司沒有達標，信貸協議就得修改，他們勢必得為此付出很大的成本，幾乎沒什麼轉圜的餘地。在HLT的規範下，業主和資深管理者無法享有一般私人企業的業主常有的「特殊福利」——企業再也不能浮編薪資圖利親友，也不能提供優惠貸款給業主，更不能為了避稅而以小伎倆降低EBITDA。相反的，公司的目標是把握機會盡量提高EBITDA，進而提高企業的價值。

托梅在白皮書裡提到，有些小型企業的顧問，會告訴業主不必擔心這些特殊福利和避稅策略，他們只要追蹤記錄自己從企業帳戶拿走多少錢，等公司要賣時，再把錢放回去並重算盈餘即可。但托梅說那是很糟糕的建議，原因很多。首先，業主把錢從公司拿走，公司就沒辦法運用這筆錢去追求成長機會，這表示公司的EBITDA本來可以更好。買家可能會因此降低出價，認為業主當初決定挪用公司資金，代表他找不到更好的資金運用方式。此外，「之後再把錢放回去」的做法，也為預測增添了不確定性，影響買家及買家的貸款者評估風險，進而影響他們願意投資的金額，更進一步地壓低公司的售價。

不過，托梅認為，這麼做，危害最重的是企業文化。當業主把企業當成私人金庫時，很難在公

---

*這和「全額vs.支付頭期款」的買房原理一樣。假設買一百萬元的房子，十年內房子的價值加倍變成兩百萬。如果屋主自備一百萬元的資金，十年後出售的投資報酬率就是一〇〇%。如果屋主只有自備頭期十萬元，貸款九十萬，則投資報酬率是一〇〇〇%（〔一〇〇萬淨利 ÷ 一〇萬成本〕× 一〇〇%）。

司裡培養當責文化。管理者看到業主這樣對待公司資金，會以為老闆經營這個事業其實另有目的，事業成長以及達成關鍵績效目標都不是重點。這樣會破壞公司的財務紀律，導致上樑不正下樑歪。

當公司幾乎沒什麼舉債時，你可以那樣經營事業，銀行不會緊盯著你的一舉一動。但是如果你跟銀行借了一堆錢，簽下HLT信貸協議，就不能為所欲為了。這個協議要求你必須提交年度預算，而且會每年追蹤差額。它會要求你做好現金管控，並嚴格遵守規定的財務比率。它也會要求整家公司為財務結果負責，這表示所有的銷售、行銷、營運決策在執行之前，都必須先從財務角度審查。

托梅總結：「總之，PEG管轄事業的方式，會迫使公司採取許多最佳實務。對毫無舉債的家族事業來說，他們原本不需要採行那些措施。PEG以驚人的投資報酬率出名，那些驚人的投資報酬率就是靠最佳實務創造出來的，而不是因為槓桿或投資人獨到的生意手腕。幸好！你不需要舉債也能借用那些最佳實務。」

第四步：營造當責文化，說到就要做到

托梅說，任何企業都可以採行這種簽下HLT信貸協議的公司必須符合的最佳實務，並看到類似的成效，起碼理論上是如此。但是「了解什麼是最佳實務」和「落實最佳實務」是兩回事，你還需要有當責的企業文化，營造當責文化是最難的部分。馬丁．貝比奈克（Martin Babinec）在加州

聖萊安德羅（San Leandro）創立三網公司（TriNet）。一九九五年，他把公司的控股權益（controlling interests，指賣出五〇％以上的股權）賣給公開上市的策略型買家時，才明白這點。

三網是專業雇主組織（professional employer organization，簡稱PEO），亦即人力管理的外包商，專門包辦企業的人事任務，為企業擔任名義的雇主，這樣一來，企業內部就不需要設立人力資源部門，可免除擔任雇主的麻煩。但一九九〇年，三網已瀕臨破產，多虧一群天使投資人出手，公司才得以度過難關。到了一九九四年初，三網轉虧為盈，年營收約兩百五十萬美元，在目標市場（高科技的成長公司）站穩了根基。

但貝比奈克太晚發現，PEO若要長期蓬勃發展，公司的規模必須大很多。例如，有經濟規模才能以優惠的價格投保醫療險，或是經常做技術升級以因應客戶的複雜需求。三網當時的營運還不錯，但是規模仍小，市場上有很多成長機會，只是三網沒有足夠的資金去把握那些機會。

所以貝比奈克和財務長道格・德夫林（Doug Devlin）開始尋找外部資金，最後他們和倫敦公開上市的大公司精約人力（Select Appointments Holdings Ltd.）面談。精約人力公司表示，他們願意以高價購買三網的多數股權。貝比奈克徵詢管理團隊及投資人的意見後，決定接受對方的出價。

他們接受主要是因為貝比奈克有做研究，知道精約人力公司不是典型的收購者。他們不會在收購公司後，把許多部門盡量集中管理以節省成本。他們以前鎖定的收購目標都是營運良好、但急需成長資本及引導的公司，他們會保留公司原有的管理團隊，讓他們大致上自主營運。貝比奈克回憶道：「基本上，我們還是自己經營公司。」

他們協商的收購條件是：精約人力公司投資三百九十萬美元，取得五〇・一%的三網股權，其中三百萬美元用於事業成長，另外的九十萬美元讓貝比奈克拿去償還創業時的債務，萬一精約人力公司後來覺得他不稱職，另外找新的執行長取代他，剩下的錢仍足以給他的家人不錯的保障。這是貝比奈克可以接受的最壞情境，畢竟他依然是大股東，持有約三五%的公司股權。

雙方簽了意向書，開始進行正式的實質審查。精約人力公司聘請德勤會計師事務所（Deloitte & Touche）來做審查，審查結果提到一些警訊。由於三網的管理團隊經驗不多，審查者覺得精約人力公司一次投資三百九十萬美元太冒險了，他們建議採階段性投資，階段性投入是根據三網是否達到某個營收與 EBITDA 目標而定。貝比奈克和管理團隊都認為這個條件還算合理，他們也有信心可以達標。於是雙方完成交易，第一階段的一百萬資金也到位了。

資金到位後，彷彿水庫的閘門瞬間開啟似的。「我們規畫成長計畫已經兩年了，現在終於有大筆資金可以啟動計畫。」貝比奈克回憶道：「我們馬上大舉招募人力，執行計畫裡的其他要件。」那是一九九五年七月。到了十二月，三網團隊已完成擴編，等第二階段的資金到位就可以行動了。

不過，公司有一個問題。三網的業務有週期性，許多客戶在規模變大以後，基於稅務因素，會自己設立人力資源部門，終止與三網的合作關係，那通常會發生在年底。一九九五年十二月初，三網得知他們有三個大客戶都要終止合作，這三家客戶占了他們近二五%的年營收。那一次的業務萎縮比管理團隊預期的幅度更大，也代表三網達不到規定的營收門檻，無法獲得第二階段的資金。

無法達標顯然很遺憾，但還算不上災難，畢竟正在開發的新客戶很快就會填補萎縮的業務。在三網與精約人力公司合作以前，貝比奈克頂多只會對客戶的離去感到失望，公司仍然可以營運下去。但現在少了第二筆資金，三網就無法繼續運作了。為了取得資金，他需要精約公司的執行長湯尼．馬丁（Tony Martin）的核准，馬丁也是三網公司的董事。貝比奈克回憶道：「我打電話跟他說：『馬丁，狀況是這樣。我們對成長計畫很有信心，雇用了一些卓越的人才，已經照預算提高了人事開銷。我們確實因為失去幾家客戶而導致業務萎縮，但你看我們正在開發的客戶名單，我覺得我們的狀況還不錯，提前挹注第二階段的資金很合理。』」

但馬丁不肯。

貝比奈克有如大夢初醒，「我們努力了快兩年，以為我們終於可以拿到擴大營運所需的資金了。我們執行著商業計畫，開始打造真正的管理團隊、投資系統，做著我們夢想已久的事情，你可以想見我們有多振奮。但突然間我們遇到了現金問題。最糟的是，我們不得不裁員，那實在很不合理。我們必須解雇那些剛招募進來、已經開始受訓的人員。而且我們都非常確定那些萎縮的營收一定可以彌補回來。我們都認為長期來看，現在裁員比不裁的傷害更大。」

但馬丁非常堅持。「他說我們必須符合預測的數字，上市公司的世界就是這樣運作的。既然簽約時決定了預測值，我們就必須達標。相信我，那個狀況真的不是在開玩笑。裁員非常棘手，相當痛苦，我難過極了，因為我覺得是我領導無方，才會導致一個敬業的團隊無辜受害。但那就是現實狀況，現在我們是為上市公司工作，必須照他們的規矩做事。」

直到後來回顧那次經歷，貝比奈克才開始領會那次經驗帶來的效益。「我現在明白我記取了教訓，而且不只是我，整個管理團隊都記取了教訓，因為我們是以合作、透明的方式運作。自從經歷那次事件後，我們都非常小心，確保我們一定要達成目標，每一步都走得非常謹慎。」

學會務必達到預測只是跨出第一步，那次事件讓他們真正跨出一大步的，是在三網內部營造當責文化。不久，貝比奈克就明白那有多重要了。畢竟，他的目標是打造一家獨立運作的公司，即便他卸下執行長的職位，或是精約人力公司不再擁有控制權，公司依然維持獨立運作——亦即一家至少有機會做到持久而卓越的公司。

學會上市公司的紀律，公司會快速成長

多年後，貝比奈克不再參與公司業務，只擔任董事，他回顧過往時說：「我從精約公司學到的是上市公司的紀律，馬丁是我的導師。你難免會搞砸，那正是重點，因為你從錯誤中學到的，遠比從成功學到的還要多。久而久之，我們學會如何像上市公司那樣營運。我們需要提升自己。身為上市公司，就要高度透明化，不能有關係人交易（related-party transaction）。你必須設定期待值，並

達成目標。重點不只是編列預算而已，你還要在預算內達成目標，那是非常辛苦的學習過程，尤其在大量資金挹注以後，公司會迅速成長。」

對三網公司和貝比奈克個人來說，報酬都很豐厚。例如，若是沒有當責文化，一九九九年貝比奈克不太可能舉家搬到紐約州北部的小瀑布鎮（Little Falls），同時繼續擔任三網的執行長。貝比奈克在小瀑布鎮長大，他的雙親和一個妹妹仍住在當地。貝比奈克和妻子克麗斯塔（Krista）希望孩子能享受小鎮生活的優點，他們覺得當地學校比加州的好。舉家搬遷後，貝比奈克必須從當地通勤到三網公司的總部（加州的聖萊安德羅）上班，但他覺得讓家人住在那個新環境是值得的，他願意為此付出辛苦通勤的代價，董事會也祝福他。

同樣的，要不是三網始終維持不錯的績效，二〇〇五年他也不可能把公司的多數股權平順地轉移給泛大西洋私募股權公司（General Atlantic，簡稱GA）。由於荷蘭的維迪奧公司（Vedior）收購了精約人力公司，維迪奧覺得美國的PEO和他們的業務不再相容，所以不願再為三網的成長挹注資金。在維迪奧的祝福下，貝比奈克開始尋找新的投資者，最後他們把多數股權賣給了GA。貝比奈克覺得GA是理想的合夥對象。

GA的資金挹注產生了他們想要的效果，三網開始收購其他事業，成長率因此急速上升。

這也讓貝比奈克陷入了兩難，他知道三網有很多事情正在運作，越來越需要一位在加州總部坐鎮的執行長，但他又不願意舉家遷回加州。他也了解GA可能會在某個時間點讓三網公開上市。雖然他很支持，但他不想當上市公司的執行長。所以二〇〇八年他和董事會找了一個人來接任執行長，他繼續擔任全職的董事長。二〇〇九年，他卸下董事長一職，讓另一位他覺得比他更有資格的董事接任。不過，貝比奈克仍持續擔任董事，在三網準備公開上市時提供協助。他持續擔任董事對GA也很重要，因為他對事業瞭若指掌，而且也還是公司大股東。

我提出這個個案的目的，並不是主張你需要當責文化才能漂亮退場。在貝比奈克的例子中，那是必要的，因為他在過程中做了其他的選擇，包括他一開始決定進入PEO產業，以及後來需要引進財力雄厚的投資人才能擴大規模。但很多私人企業的業主即使沒有實施公開上市公司的紀律，也依然圓滿地退場了。但是話又說回來，如果你為公司營造當責文化，你更有機會滿意地退場，因為你有更多籌碼可以決定你出售公司的對象、時間及價碼。

在結束事業經營的時候，想要光榮地回顧過往並自信地展望未來，這些是必要條件。你必須能夠選擇，你也必須能夠控制。你有越多選項可以挑選，就越能掌控最後的結果。同樣的，你想要有越多的選項和控制，就越需要用心提升公司的賣相。

那通常不是一項短期任務。你和公司為退場投入的準備時間，和你終於要退場時所擁有的靈活度與選項，有直接相關。所以想要退得漂亮，下一個條件是：給你自己足夠的時間。

第4章

拿捏「時間」與「時機」

別心急，布局要以「年」為單位

艾希頓．哈莉森（Ashton Harrison）第一次認真考慮要出售她的高級照明事業光影公司（Shades of Light），是在二〇〇五年的時候。她和丈夫大衛，找了仲介來為公司評估價值，「花了我們一萬五千美元，根本是浪費錢。」她坐在維吉尼亞州里契蒙市（Richmond）的旗艦店後方的辦公室回憶道：「仲介應該要幫我們做一份公開說明書並提交給投資銀行的，但我們很早就發現他並不稱職。」這時她的手機響了，她瞄了一眼，對我說：「抱歉，我得接聽這通電話。」

那是光影公司出清特賣店的房東打來的。她向房東保證，即將取代她經營事業的新業主，將在一個月內繼續承租那個店面。我趁她講電話時環顧了辦公室一圈，整個辦公室亂成一團，四處散落著筆記本、商品目錄、文件和燈罩，這裡擱著一個備用的單車車架，那裡放了一台電視機，整間辦公室好像剛被龍捲風襲擊過。哈莉森坦言，混亂的地方是她的自然棲息地，她又補充說：「我有過動症（ADD），多數的創業者都有，員工可能會覺得難以招架，但是對老闆來說可能有益，因為你可以同時追蹤四件事的進展。」

哈莉森是個熱情大方的金髮女子，雙眼炯炯有神，愛講冷笑話，她把事業的成功大都歸因於注意力缺陷障礙與過動症，但也坦言那是很多問題的根源。總之，這種個性特質促使她創業，並於二○一一年八月出售事業，她把這段二十五年的經歷寫成一本書，書名是《從過動兒變執行長：從混沌走向成功的歷程》（*From A.D.D. to CEO: A CEO's Journey from Chaos to Success*）。

哈莉森跟絕大多數的創業者一樣，剛創業時想都沒想過退場這件事。那一年，三十三歲的她才剛新婚，想要懷孕生子增加家庭成員，也想繼續工作，只要不必常出差，她想一直工作到老。之前她在里契蒙市某家迅速成長的家具零售公司擔任副總裁，經常要出差。她在那家公司學到基本的商業知識（她從祕書做起），也激發她創業的念頭。

她想把本來只在批發市場上銷售的高檔燈具和燈罩，直接銷售給裝潢業者和消費者。她認為這個點子值得執行，便辭去工作，賣掉家具公司的股票，以那筆錢做為創業資金，於一九八六年開設了第一家專賣店。

往後的十九年間，哈莉森持續擴充產品線和銷售通路，又開了兩家店，也推出郵購和網購服務，使光影公司的年營收成長至一千兩百五十萬美元。這個事業也經歷過盛衰起伏，不過二○○二年已有穩定的獲利，至於這是她的過動症促成的，還是幸好沒受過動症所擾，實在很難說。

她回憶道：「每次我回想二〇〇〇年代初期，總是想到員工像無頭蒼蠅一樣瞎忙，整間公司的營運像是一艘無人管理的船。」不過，公司確實有獲利，所以二〇〇五年她才會動念想要出售公司。但是她最多也只能想想，因為公司不久就接連遇到員工士氣低落、顧客投訴、業績下滑等問題，開始陷入虧損。

當時連幹練的仲介也很難找到願意收購光影公司的買家。哈莉森坦言她已經失去以前對公司的掌控力，失控的跡象隨處可見。存貨紀錄亂成一團，財報不僅延遲發布，還錯誤百出。員工偷竊商品成了老問題，還有一個員工被逮到挪用公款。哈莉森為了處理這些問題，忙得焦頭爛額，「我整天忙著滅火，下班時才發現待辦清單連動都沒動，更遑論和經理人面對面討論營運目標，或是聽取進度報告了。」

最後她在另一位過動症執行長的介紹下，找上策略顧問史蒂夫・金博爾（Steve Kimball）。金博爾一見到哈莉森和她的先生，劈頭就問：「你們打算何時退場？」

大衛說：「明天可以嗎？」光影公司雖然是他太太的事業，但他一直是她的總顧問，他實在很想早點擺脫這塊燙手山芋。不過，哈莉森知道公司的現況不適合出售，她也如實說了情況。

金博爾問：「你能繼續經營三到五年嗎？我們可能至少需要那麼長的時間，才能估算出這個事業未來的真正價值。」

哈莉森說：「好吧，那我們從哪裡開始著手？」

想退得漂亮？先想好成長策略吧

我想，當你覺得實際退場是幾年、甚至幾十年後的事，你很自然就會以為你還有很多時間可以準備。而當你確實把焦點放在退場上時，你很自然也會想知道正式成交需要多久的時間。在大部分的個案裡，這個流程遠比我們預想的還長，至少你想退得漂亮的話，這件事就不可能迅速底定。關鍵在於事業是否已經為你想要的退場類型做好準備，包括你對公司未來命運的期許。一般來說，你越是在乎你離開後的企業文化、價值觀、營運方式是否維持不變，你就需要越多的時間為所有權的轉移規畫出滿意的方案。

不過，即使你只是希望盡快賣個好價錢，也可能需要花好幾年的時間。這也是為什麼金博爾每每和客戶初次會面時，總是先問客戶的退場計畫，包括時間範圍和業主希望的出售價碼。他的專業其實是幫業主擴大事業，而不是從事業退場。「大部分人從來不會把成長策略和最後想得到的東西（無論是三年、一年或十年後）聯想在一起，」他說：「但那其實是關鍵資訊。」

以哈莉森為例，她的首要任務是讓公司轉虧為盈。二〇〇七年光影公司的營收是一千零五十萬美元，虧損五十萬美元。沒有人會出高價收購業績萎縮、時盈時虧，而且看來沒什麼獲利前景的零售事業。更糟的是，當時所有的跡象都顯示經濟即將陷入蕭條。哈莉森從以前就發現她的事業和股市呈現驚人的正相關。二〇〇八年年中她找上金博爾時，道瓊工業指數已經從二〇〇七年十月十一日的高點跌了二〇%以上，正式進入熊市。大衛以前是證券經紀商，他擔心經濟衰退已經開始，光影公司可能撐不過這場經濟危機。哈莉森為了讓他安心，開始在金博爾的協助下規畫三階段的危機管理計畫。

第一階段是「黃色警戒」：包含十七個撙節成本的措施，在股市下跌二〇%並維持低迷三週以上時啟用。第二階段是「橘色警戒」：包含二十個應變措施，在明顯看出經濟不會反彈時啟動。第三階段是「紅色警戒」，哈莉森說這是公司清算前的最後階段。她認為公司不至於會走到那般田地，但是話說回來，誰也沒料到雷曼兄弟會倒閉。隨著經濟日益惡化，哈莉森於二〇〇八年十一月啟動黃色警戒，二〇〇九年一月啟用橘色警戒，三月步入了紅色警戒。

不過，在這次經濟重挫及公司創業以來的最大危機中，哈莉森為了改善公司的賣相，做了一些重要的改革。改革其實很難拿捏，非常棘手，她必須做好最壞的打算，同時還要讓公司朝著獲利成長的路徑發展。

金博爾的主要工作是幫哈莉森規畫成長計畫，讓事業可以繼續在正軌上運作。哈莉森清楚告訴金博爾，她擔心自己的注意力飄忽不定，常像無頭蒼蠅那樣盲目行動，希望金博爾能幫她維持專注。

金博爾首先要求哈莉森，先退一步觀看事業全局。在金博爾的協助下，哈莉森建立了一個財務儀表板，用來追蹤最重要的財務數字，針對事業提出重要的問題，例如她販售的商品到底對不對。除了燈具和燈罩，公司也銷售地毯及訂製窗簾，都是勞力密集的商品。金博爾建議停止提供窗簾訂製服務以騰出資源，讓員工專注於前景較好的領域上。對於這項建議，哈莉森有些疑慮，因為窗簾占營收的一六％，約有一百萬美元。不過，她還是聽進了金博爾的論點，決定在接下來幾個月內逐步收掉這部分的業務。她說：「我其實怕得要命。」

商品目錄的問題更大，那是公司的業務核心。哈莉森找過好幾位目錄顧問，他們都建議目錄的寄出量越多越好，叫她不要擔心成本。他們說成功的祕訣是建立品牌，只要提高成交率，打好公司形象，就能提升公司的價值。她在成交率和公司形象上都做得很好，但同時目錄成本也暴增，竟然占營收的比重高達三四％，導致公司難以繼續經營。

在金博爾的鼓勵下，哈莉森開始減少寄出目錄，使目錄成本削減了一半以上，縮到只占營收的一六％。「這涉及一些棘手的決定。」金博爾說：「我記得有一個決定超大膽的，那是二〇〇九年的年初，有個週日我去哈莉森夫婦的家中跟他們開會。隔天新的商品目錄就要送進印刷廠印製了，上一份目錄並未替公司帶來預期的業績，如果她又繼續印新目錄，可能連印刷和郵資成本都無法回收。但是寄送新目錄通常會帶來新生意，使現金流量暫時增加。萬一她延後印製目錄，公司就少了這一段現金流量，可能無法支付其他的帳單。所以只要做錯決定，就會拖垮事業。哈莉森幾經考量，決定暫緩目錄的印製，後來證明這決定是明智的，她也因此學到如何改善目錄寄送的頻率及削減成本。不過，那次決定非常煎熬。」

削減商品目錄成本其實只是四大策略之一，他們以四管齊下的方式來改變公司的商業模式。第一策是確保公司販售對的產品，停售有礙公司獲利的商品（例如訂製窗簾）。

第二策是把光影公司從目錄導向，轉型為網路導向。例如，金博爾建議哈莉森，新產品可以先在網站上露出，再把網路上銷量最好的新產品放進商品目錄中，藉此提升網路銷量，同時削減印製目錄的成本。哈莉森對這個概念一聽就懂，但還是花了一年才改變公司的思維，因為光影公司長期以來都把重心放在目錄的商品挑選、攝影和文案上。

第三策是合約銷售的增加，尤其是餐旅業的合約（例如餐廳、度假勝地）。他們的目標是使這個領域的業績加倍。

第四策和哈莉森所謂的「獨家」有關。她擅長自己設計產品，或是看到喜愛的產品，就請人以更低的成本開發製作。或者，她會和廠商協議，讓她獨家販售某個商品，或以業界最低價來販售某個商品一段時間。

到了二〇〇八年底，即使公司即將進入橘色警戒和紅色警戒階段，她還是毅然推出了這四大策略。這些作為相當英勇，因為她經常陷入像是被雙頭馬車拉扯般的衝突中。她說：「我的感受也是如此，那真是痛苦極了。」

交易時，你有「故事」可以說嗎？

我在第一章提過，退場流程有四個階段。交易不是發生在第一或第二階段，而是在第三階段。交易之前還有策略規畫的階段，在這階段你要為公司塑造某些特質，以便未來能隨自己心意選擇退場方式。哈莉森直到二〇〇八年的年中才進入這個階段，那時她的事業已創立二十二年，卻是一家賣不出去的公司。不過，光影公司確實有一些優點可以進一步發揚光大，那也是她二〇〇八年以後開始做的事。

二〇〇九年年中，公司開始扭轉頹勢。儘管年營收從二〇〇八年的一千一百八十萬美元，縮減至二〇〇九年的八百六十萬美元，但公司終於轉虧為盈，稅前獲利約五十萬美元。在此同時，公司的商業模式也徹底改變了。本來公司全靠商品目錄銷售（這部分業務的成本很高），現在變成鎖定網路銷售（網路銷售的成本只有目錄的一小部分）。所以在二〇〇七年到二〇一一年間，目錄部門的獲利增加了五．五倍。而且，哈莉森是在景氣谷底創造出這番成就，更是難能可貴。這也讓她未來出售事業時，有很好的故事可以拿出來分享。

二〇一〇年初，哈莉森告訴金博爾，她已經真正準備好了。

金博爾問她：「你知道公司出售後，你要做什麼嗎？」

以前她對這個問題沒有答案，但現在她說：「我想做的事多達五十件。」接下來，她開始一一列舉。

當然，對有過動症的人來說，要列出五十件想做的事並不困難。除了寫書以外，其他幾項其實都很籠統，例如多陪伴孫子、與大衛一起出遊、把高爾夫和網球學好等等。哈莉森想開始找買家，主要是因為她覺得時機成熟了，她擔心繼續等下去的話，可能會錯失高價出售的好機會。利用前面兩年讓事業徹底改頭換面後，現在她可以向潛在買家展示驗證可行的商業模式。雖然這個商業模式的營運紀錄並不長，但跟當時的經濟狀況對照來看，成效非常顯著。二〇一〇年預計營收可以達標，成長近二五%，達到一千零七十萬美元；稅前淨利則是穩定維持在一〇%以上，遠高於業界平均值。此外，光影公司完全沒有負債，哈莉森已還清之前慘澹經營時所累積的一切債務。在此同時，合約銷售計畫也日益蓬勃發展，可望為新業主帶來大幅成長的機會。

金博爾建議哈莉森，她若是繼續經營兩、三年，讓事業持續成長，可以賣到更高價。不過，另一方面，未來的經濟也有惡化的風險。如果她決定在公司裡做一些長期投資（以公司的獲利水準來看，她是該做），毛利會縮小一段時間，導致公司的市值降低。金博爾說，總之，哈莉森應該想出一個樂於接受的退場數字。她想好數字以後，金博爾建議他們先找投資銀行談，看是否有潛在買家願意出價收購光影公司。

此時距離哈莉森第一次找仲介幫她出售公司，已經過了五年。這次她比二〇〇五年更謹慎，夫妻倆和五、六家投資銀行面談，請每一家投資銀行提出出售計畫。光這樣就花了四個月，最後他們選定兩位投資銀行業者，其中一位說他已經找到潛在買家，所以他們答應讓他擔任那位潛在買家的仲介。

出售過程又花了大概八個月，他們見了幾個潛在收購者，最後接到一個令他們全都感到意外的出價。原本他們已經收到一位可能買家的意向書，但哈莉森不太願意接受那個買家，因為那筆交易會導致員工失業。

不久後，金博爾就接到大衛的電話，大衛說：「嘿，金博爾，你絕對不會相信的，我們剛剛接到投資銀行業者傳來的意向書，他想自己買下這個事業。」那個投資銀行業者是布萊恩・強森（Bryan Johnson），他在哈莉森雇用的投資銀行裡擔任資深副總裁。金博爾回答：「你在開玩笑嗎？」大衛說：「沒有，是真的！」他接著告訴金博爾那份意向書的內容，他們都認為這個出價比之前那一個更好。

原來，強森和投資銀行的另一位夥伴克里斯・曼納斯克（Chris Menasco）早就想收購有成長潛力的小型企業，所以他們一直很注意市場上的投資機會。他們不是天真的買家，已經參與過數十個投資案。他們覺得光影公司的財務穩健可靠，可以當平台用來打造更大的事業。他們也知道自己可能欠缺一些東西，例如商品知識、與製造商的關係、設計熱門產品的天分，這些都是哈莉森可為公司帶來的優勢。所以潛在買家表示，他們希望她出售事業以後繼續擔任公司的顧問。哈莉森對這項要求從善如流，雖然她的五十項退休計畫可能必須延後執行其中的四十九項（她想寫的書還是寫了）。

這筆交易對哈莉森來說並非毫無風險，因為出售公司的部分價金是採用「收益外購法」（亦即未來一段時間公司營收的某個比例），而且收購者又沒有經營類似事業的經驗，萬一公司遇到營運困難，哈莉森可能拿不到那部分的錢。雙方談好的買賣協議包括：一大筆頭款；年營收的某個比例共四年（收益外購法）；哈莉森的設計可根據產品銷量獲得權利金；哈莉森擔任顧問的薪水。這筆交易提供她足夠的頭款，可以因應最壞的情境。交易條件也給了她很多的動機，讓她在出售事業後依然繼續參與公司的業務。

二〇一一年七月底雙方簽約，光影公司的股權正式易主。當然，任何交易都要等尾款付清以後才算完結。以哈莉森的例子來看，那要等到二〇一五年，也就是說，距離她開始改造公司已經七年，距離她第一次認真考慮出售公司也已經十年了。即使到了二〇一五年交易結束後，她的退場旅程也要等到她完全進入下一個階段才算完成。她的退場流程難道不能再快一點嗎？當然可以，但結果也許不會像現在那麼滿意。

結局要圓滿，時間是關鍵

關於時間的問題，我們從一個通則談起：越早開始準備，你的退場越有可能是圓滿結局。原因很明顯，當你為公司培養買家所尋找的特質時，時間是關鍵要素。第三章提過，你至少需要足夠的時間做以下的事：

- 設計規畫與證明你的商業模式可行。
- 展現出公司的成長潛力。
- 竭盡所能地降低買家所承擔的風險。

這就是哈莉森從開始改革到實際賣出公司的那三年所做的事情。

如果你對事業的抱負比哈莉森更遠大，你可能需要更多的時間——可能要多出很多。所謂更遠大的抱負，或許包括把公司賣給私募股權公司、公開上市，或是打造長期由員工或家族持有的公司以延續及精進你開創的事業。如果上述有你的抱負，你需要時間做以下的事：

- 打造強大的管理團隊。
- 培養潛在的接班人。
- 營造高績效的企業文化，以提升員工的生產力。
- 落實財務制度、紀律和最佳實務，讓放款者及投資人都對公司善用資金及創造報酬的能力有信心。

此外，你也需要時間把事業發展到某個規模，公司才有可能上市或是獲得私募股權公司的青睞（當然有些科技公司仍是例外）。一般的準則是：當公司考慮公開上市時，EBITDA至少要有兩千五百萬美元以上。公司若是達不到這個規模，上市沒有意義。第三章也提過，私募股權集團（PEG）為了把收購的公司當成平台以打造更大的事業，通常只投資EBITDA五百萬美元以上的公司——這是取得HLT信貸協議所需要的每年現金流量，而HLT是典型私募股權交易的命脈。另一方面，私募股權公司確實會買一種較小的公司，名叫「增值補強型併購」（accretive bolt-on acquisitions），他們利用這種小公司來打造投資組合中已有的平台公司。

規模也會影響你吸引策略型買家和財務型買家的能力，托梅指出：「買家收購小公司所花的時間精力，和收購大公司差不了多少。」托梅是第三章提過的財務專家，曾參與過三十幾個收購案，在買方和賣方都做過。「所以，機構買家（包括PEG）大都把精力用於收購規模較大的公司。」

即便你的公司已經大到足以考慮多種退場選項，你可能還是需要幾年時間，才能把公司的賣相打理好——除非你真的非常精明慎重，很早就開始準備退場。托梅指出：「業主常低估出售事業的難度，也忽略他們應該早點退場，才能趁著還夠年輕時享受出售公司所帶來的財富。資本市場是善變的，尋找買家可能需要一、兩年的時間，而市場景氣循環可能延續五年或更長的時間。在那段期間，估價可能大起大落，估價契機可能出現又迅速消失。出售事業後，許多買家也預期賣家仍持續參與公司的運作兩、三年。所以，退場流程可能從頭到尾持續五、六年之久。」切記，托梅所謂的退場流程，只算我說的第三階段，亦即「執行出售」而已。

一開始，就把公司打造成隨時可以出售的樣子

托梅指出的「估價契機」值得提出來再次強調。我們看過幾位業主把握了契機，不過那是因為他們已經花了許多年為退場做好準備。第一章提到的帕加諾要不是把握了出售維朗公司的良機，可能需要再等更久，或是接受更低的價碼。維朗公司的成交日期是二〇〇九年二月十三日，當時經濟正迅速落底。財務長史柏汀在維朗出售給穆格公司後繼續留任，彷彿公司從未易手。「我們要確保一月的目標能夠達成。」她說：「我們之所以能成交，主要是因為一月是處理之前的訂單，但二月幾乎沒有營收。現在我在穆格公司工作了幾年，知道公司的決策是怎麼做成的。我可以肯定，當初要是晚一個月成交，穆格可能會取消交易，帕加諾的公司永遠賣不到那個價格。」

布羅斯基的城市倉儲公司也有類似的經歷。二〇〇七年十二月，他把公司的多數股權賣給所謂的「商業發展公司」（亦即上市的私募股權公司）。他投入退場交易兩年多，之間曾因為對某個收購者失去信任而決定取消交易。

但他持續尋找買家，因為他知道這時的估價契機正好。像他那樣的檔案儲存公司突然變得很熱門，私募股權公司紛紛上門來洽詢。紀錄儲存業的巨擘鐵山公司（Iron Mountain）最近才剛收購一家主要的競爭對手，出價之高，震撼業界。布羅斯基因此推斷，這個市場要不是正處於顛峰，就是接近顛峰了。若不趁早賣出公司，可能要再等好幾年、甚至幾十年，才會再出現類似的機會。他心想，他已經六十五歲了，應該把握時機、打鐵趁熱。幸好他這樣做了，因為公司正式成交時，估價契機幾乎已經終結了。

事後證明，布羅斯基能在那個時間點成交，遠比他所想的還要幸運。城市倉儲公司為多種事業處理檔案儲存，但是約有六五%的業績是來自醫院和其他的醫療公司。布羅斯基之所以鎖定醫療領域，是因為競爭對手都鎖定律師事務所和會計師事務所。「我們成了處理醫療檔案的專家。」他說：「我們比潛在客戶更清楚『健康保險隱私及責任法』（HIPAA）的隱私規範，我們也可以指導他們如何符合規定。」因此，城市倉儲公司幾乎獨占了整個醫療市場。

但他沒料到從實體紀錄轉換成電子檔案的風潮會那麼快。他出售公司五年後，這股風潮席捲了每個領域，尤其醫療業轉變得最快。例如，城市倉儲公司在倉庫裡放了數萬箱的塑膠X光片。到了二〇一二年，塑膠X光片幾乎已經不存在了，所有的醫療紀錄都已數位化，也改用數位化儲存。

「我知道數位科技終有一天會摧毀儲存箱的生意，但沒想到來得那麼快，而且一下子就面目全非了。」二〇一三年布羅斯基回顧時說：「要是二〇〇七年沒賣出公司，科技會摧毀我花了十七年才打造出來的股權價值。那我現在就不是在創立新事業了，而是夜以繼日地改革舊事業。」他之所以能夠避開那次衝擊，原因只有一個：打從一開始，他就努力把公司打造成隨時可以出售的樣子。

你無法掌控的情境，難免會影響你出售市場的最佳時機。如果你打算把公司賣給第三方，又想在最佳時機出售，你需要做好準備。卡爾森指出：「當一切因素都準備就緒時，交易自然會成形——這些因素包括目前的金融市場條件、目前的產品市場條件、買賣雙方所處的發展階段等等。」我在第一章提過，二〇〇七年五月，卡爾森以近一千五百萬美元出售他的高速網路服務公司超日科技。「出售時機跟你想不想出售，一點關係也沒有，正確的出售時間到了就是到了。你應該在時機好的時候出售，而不是在想賣的時候才出售。不然的話，可能會少賺很多。」

換句話說，如果你不花時間準備退場事宜，你幾乎肯定會少賺很多錢。至於要花多久時間準備，則視公司和情況而異，但多數情況都需要好幾年的時間。

給我一分鐘，我給你一家公司

不過，也有一說是，準備退場的時間反而應該縮短才對。最熱切主張這點、而且最有說服力的人，是如今改做天使投資人的加拿大創業者彼得斯，我們在第三章談過他對賣相的看法。他寫了一本精采好書《提早退場》（*Early Exits*），書中說明為什麼他覺得進入二十一世紀以後，打造與出售公司的流程已經改變。

「網路加速了一切。」他說：「網路讓創業者在幾天內就能對成千上萬個潛在顧客行銷產品，幾乎加速了企業生命週期的每個面向。現在有些創業者是『週末老闆』（weekender），一個週末就可以創立一家公司。」也許吧，這要看你怎麼定義一家公司。彼得斯指出，倫敦有一群創業者一時興起，在二十四小時內生出一門事業，並於十天內在 eBay 上賣出（你可以上 www.24hour-startup.com 看整個過程）。不過，那個事業從來就沒有員工，也跟誕生的時間一樣短命。

彼得斯認為，這種提早退場的趨勢越來越普遍，部分原因在於大型企業研發的方式正經歷徹底的改變。他說，很多公司認為他們不擅長創新，但他們有資源迅速擴大既有商品的銷售。相反的，小公司則是擅長創新，但苦於難以擴張。所以，大公司縮減了研發經費，直接收購新創公司，以便為他們提供需要的創新。這等於是大公司把研發外包給那些小公司了。

傑夫．強森（Jeff Johnson）就是把握了這種機會出售新創公司的創業者，雖然他當初創業並沒有那樣想過。他曾在幾家大公司歷練過，於二〇〇一年四月和合夥人共創阿瑟蒙斯公司（Arcemus），他本來想把那家公司打造成生活事業（lifestyle business）*。然而，到那個時間點為止（三十五歲），他的成年歲月大都是在準備創業，自己當執行長。而他知道，不管是否打算出售事業，

*譯註：指創業者的創業目的是為了獲得一定的收入，以便享有某種生活型態。

管理良好的公司都應該具備潛在買家想要收購的特質。

強森的創業概念來自他與合夥人在網路方案公司（Network Solutions）上班的體驗。網路方案公司是網域註冊業的先驅，網路的爆炸性成長為大公司的法務部帶來了很大的問題。無論他們在實體世界把雇主的智慧財產權保護得多好，換到網路上就很難做到那麼縝密周延。強森和合作夥伴看出了這個漏洞是一大商機，他們設計多種系統，幫客戶找出智慧財產權受到侵犯的狀況，也幫客戶註冊及管理網域名稱組合，以避免侵權者濫用拼寫錯誤、文字相似性及公司防護上的漏洞來占便宜。客戶是以支付月費的方式，取得阿瑟蒙斯公司這些服務。

這些系統雖然巧妙，但一開始很難推銷。「我們是一家很新的公司，賣的是解決問題的創新方案，想簽下嬌生、紐約人壽、BMW之類的產業巨擘當客戶。」強森說：「我們要怎麼證明我們真的很稱職，可以履行所有承諾？我們怎麼知道公司五年後還會不會存在？最初十家客戶真的很難拉，但是第一年結束時，我們的客戶數已經超過十家，開始累積第二十家，然後第三十家。」

在此同時，強森也注意到擴張事業的機會，對於自己沒有資本可以把握那些機會感到失望。他和團隊是以傳統的方式創業，全靠私有資金。後來他們又向幾位金主募得了十萬美元，可惜這數目雖然不無小補，卻仍不足以進行擴張。強森說：「我們覺得我們可以加速躍進，把其他業者遠遠甩在後頭，但要做到就需要更多資金。」

問題是阿瑟蒙斯是網路公司，二〇〇三年許多投資者經歷網路泡沫化以後，尚未對網路公司恢復信心。強森無法以合理的條件向銀行、創投業者、私募股權集團、天使投資人募得資金，他因此覺得他們需要想想新的門路。

「當時我說：『我們換個方式思考，我們是在什麼產業裡？』我認為我們其實不是在做網域管理事業，甚至不是在做保護智慧財產權的生意，我們是在為大公司管理某種檔案和資訊，所以我說：『我們找出檔案和資訊管理業有哪些主要的業者吧。』團隊成員聽我這麼說，都以異樣的眼光看我，好像我是三頭怪物似的。」但強森是認真的，他不久就找出檔案管理業的龍頭：鐵山公司。稍做研究後證實，鐵山確實是阿瑟蒙斯的理想合作對象。

強森其實不太確定他期待得到什麼，但他覺得值得一探究竟。所以他拿起電話，打到鐵山公司的總機，但不得其門而入。於是，他開始讀起鐵山的公司委託書，終於找到一個名字，那個名字又連到另一個名字，接著又連到一位資深管理者，名叫肯・魯賓（Ken Rubin）。

「我打電話給他，自我介紹，他說：『強森，我這週接到這種電話三十通，你只有兩分鐘可以告訴我，你想說什麼。然後，我會告訴你，我有沒有興趣繼續談下去。』我說：『太好了，我只需要一分鐘。』我簡要說明我們的業務，以及為什麼我覺得鐵山對我們會有策略合作的興趣。他說：『你繼續說。』」

他們就這樣談下去，一談就談了大半年，有時是在鐵山公司的波士頓總部，有時是在阿瑟蒙斯位於維吉尼亞州斯特靈市（Sterling）的機房裡，有時是電話上討論。強森得知鐵山公司已經涉足智慧財產權的領域，但管理高層還不是很清楚公司收購那些事業能力和服務該怎麼運用。強森和合夥人有很多點子，所以鐵山公司很快就知道，要善用那些人才的最佳方式，是買下阿瑟蒙斯的資產，把阿瑟蒙斯的團隊併入營運中。

所以強森和合夥人身為阿瑟蒙斯的業主，提早退場了，公司改名為鐵山智慧財產權管理事業（Iron Mountain Intellectual Property Management），強森變成鐵山總公司的資深副總裁，以及那個事業處的總經理。交易於二〇〇四年五月初完成，那時公司才創立三年，而且距離公司推出第一項產品不到兩年。

創業套現 vs. 基業長青

強森那麼早就把公司賣掉，有其充分的理由，但其他的創業者應該跟隨他的腳步嗎？彼得斯認為，如果其他的創業者更了解退場流程，他們也會提早把公司賣掉。他說：「我認為退場是身為創業者或投資者最棒的部分，那時你為事業所做的一切付出和風險承擔都獲得了報酬。出售事業通常是一個人職業生涯中最大的一筆財務交易，那很令人興奮，而且一定會改變你的生活。但一般人不了解這點，因為這種事情不常發生。」

當然，並不是每個人都認同彼得斯的觀點，有些人說他根本是在宣傳一九九〇年代末期網路狂潮時席捲矽谷的淘金心態。套用《從A到A^+》的作者吉姆・柯林斯（Jim Collins）在二〇〇〇年三月為《快速企業》（*Fast Company*）雜誌撰寫的一篇知名文章的說法，這叫做「創業套現」（built to flip）。「這是個有趣的概念：不需要打造公司，更不需要打造價值持久的公司。如今只要能掰出好故事，大致搞出一個輪廓，轉眼間就可以海撈一票、一夕致富。」柯林斯覺得這種風氣太不像話了。

彼得斯反駁了外界對他的批評，他說柯林斯和傑瑞・薄樂斯（Jerry Porras）在他們的名著《基業長青》（*Built to Last*）中所撰寫的公司（例如迪士尼和沃爾瑪）「無法在二十一世紀創立、成長茁壯、蓬勃發展。現在根本不可能再花幾十年的時間打造一家公司了……『創業套現』不是齷齪的語彙或異常行徑。如今想要成功，我認為創業者不僅要立志提早退場，更要把這種概念融入企業架構和企業的DNA中。」

這種說法確實有待商榷，很多創業者仍在網路及實體市場上努力打造卓越的公司，他們依然花了數十年才達成，例如亞馬遜的傑夫・貝佐斯（Jeff Bezos）、谷歌（Google）的賴利・佩吉（Larry Page）和賽吉・布林（Sergey Brin）、聯邦快遞的弗雷德・史密斯（Fred Smith）、全食超市的約翰・麥基（John Mackey）等等。

不過，我同意彼得斯所說的，規畫提早退場這個想法本身並沒有錯。柯林斯的觀點也沒錯，他只是反對一九九〇年代末期矽谷普遍瀰漫的貪婪風氣。他在那篇文章中也坦言：「基業長青並不適合每個人或每家公司，也不該一體適用。」

還有，彼得斯舉的例子幾乎都是網路公司，網路公司的生存環境和絕大多數私人企業的環境不同。沒錯，經營事業的基本規則依然適用，網路公司和其他類型的企業一樣都需要有正的現金流量，但因為他們是在網路上經營，可以把觸角伸向全球市場，也就是說，網路公司是以實體世界難以想像的速度成長，這一點可能會改變其業績的計算。

但是，這不代表每一個網路創業者，都應該以提早退場為目標。本身曾經創業的創投業者彼得・提爾（Peter Thiel）是臉書（Facebook）的第一個外部投資人*，他說過一個故事，他覺得那是臉書發展史上最重要的一刻。

萬一你的公司消失，其他企業是否難以取代？

二〇〇六年七月，雅虎開價十億美元想買臉書。不久，臉書的董事——包括提爾、二十二歲的創辦人馬克・佐克伯（Mark Zuckerberg）、創投業者吉姆・布雷爾（Jim Breyer）——開會討論雅虎出價這件事。

《企業》雜誌的愛麗森・法斯（Allison Fass）報導，二〇一三年提爾在新創科技公司匯聚的SXSW大會上回憶：「總的來說，我和布雷爾都覺得我們也許應該接受那筆錢。但佐克伯一開會就說：『這次會議只是形式，我們迅速開個董事會，不到十分鐘就可以結束了。我們顯然不會現在就出售公司。』」提爾大感震驚，他建議至少應該討論一下吧，十億美元可不是小數目，而且佐克伯持股二五%。佐克伯說：「我也不知道我拿那些錢要做什麼，可能只會創立另外一個社群媒體網站吧，但我喜歡目前在做的這個。」

提爾和布雷爾逼他考慮時，佐克伯坦言他還覺得出價太低了。他說，雅虎對臉書毫無遠景，所以無法對尚未存在的遠景做出合理的估價。這個說法提爾雖然不完全信服，但他尊重創辦人的決定。他知道雅虎也曾出價十億美元想要收購 eBay 和谷歌，但遭到回絕，並以這兩個例子自我安慰。後來證明，佐克伯做了正確的決定，因此，提爾從這件事記取了一個啟示：「每個人都必須朝著明確的未來努力……那可以激勵與鼓舞大家去改變世界……最成功的企業，對未來的看法跟現況是截然不同的，而未來沒有獲得完整的估價。」

當然，只有很小比例的新事業注定成為下一個臉書、eBay 或谷歌，但提爾的看法可以套用在

---

*編按：提爾是 PayPal 的創辦人兼執行長，這家公司在一九九八年創立、二〇〇二年上市。二〇〇四年他開始投資其他事業，先是在臉書擔任董事，也提供 LinkedIn 等十幾家科技新創公司早期資金。現在他的身分是矽谷創投公司創辦人基金（Founders Fund）合夥人，投資的公司包括太空運輸公司 SpaceX 和網路訂房網站 Airbnb。他也是《從〇到一》（*Zero to One*）的作者。

每一家努力追求卓越的公司上。我指的是那些堅持「對世界產生獨特影響」的公司，就像柯林斯說的那樣。他用一個測試來定義獨特的影響：「萬一你的公司消失，是否會留下一個龐大缺口，其他的企業都難以填補？」

要打造這樣的事業，必然是一個長期的任務。事實上，柯林斯主張，一個企業要稱得上真正的卓越，必須維持優異的績效，而且歷經一代以上的業主和領導人都持續產生獨特的影響。換句話說，它的卓越不是靠單打獨鬥達成的。注意，這裡並未提到規模。幾乎任何規模的事業都可以創造出優異的績效及獨特的影響。對私人企業來說，較大的挑戰在於持續維持卓越好幾個世代，很少有公司能夠做到那樣。唯有經過兩次業主和領導人的交棒，你才知道那家公司是否已經發現某種系統或方法，可以在更換領導者下依然維持卓越。

我見過一些通過這個測試的私人企業，他們都是家族企業或員工持股的公司。當然，我並未看遍美國七百萬家以上的私人企業，也沒有人追蹤這種資訊，所以我們無法找出長期績效過人的公司。但我確實以我能運用的資源，廣泛地搜尋實例，結果找到的公司都是上述兩種。也就是說，這些公司的創辦者選擇把股權出售或移轉給員工或家族成員，所以股權一直留在公司裡代代相傳，並未外流。

我因此認為，企業文化或運作方式的延續需要守護者。在家族事業裡，家族成員就是守護者。在員工持股的公司裡，員工就是守護者。公司一旦缺乏守護者，繼任的買家會帶進自己的領導和管理風格，這樣就很難打造長期卓越的公司。當然，家族企業或員工持股的公司不見得比較容易打造出卓越企業。畢竟，有無數的家族企業管理不當，也有許多員工持股的公司在創辦人離開以後便開始走下坡。培養長期高績效的內部文化需要多年時間，如果創辦人或業主不提早注意這一點，公司在未來也不太可能培養出那種文化。

「春田再造」是這樣再造的……

所以，你該如何培養歷久不衰的高績效文化，讓企業文化延續的時間比業主、領導人、管理團隊、科技或產品組合還久呢？

在我認識的創業者當中，沒有人思考這個問題，比春田再造控股公司的共同創辦人兼執行長史塔克來得更深入或更長久。史塔克從一九八〇年代中期開始尋找答案，當時他第一次發現他和合夥人為所有員工設立「員工持股計畫」（ＥＳＯＰ）時，忽略了一個關鍵議題。

當時他們的公司名稱是春田再造公司（Springfeld ReManufacturing Corp.），是由國際農具公司（International Harvester）分拆出來的事業。國際農具公司是創業八十年的設備製造商，一九七九年時還高居財星五百大企業的第二十八名，到了一九八二年已瀕臨破產。

位於密蘇里州春田市的工廠有大約兩百三十名員工，專為國際農具公司出產的設備製作更換零件。國際農具公司亟欲削減開支及提高現金的餘額，所以陸續關廠並出售世界各地的資產。史塔克和十二位工廠經理人擔心在經濟不景氣下失業，決定出價買下春田市的工廠。

一九八三年，國際農具公司竟然接受了他們的出價，於是史塔克和同仁趕著拼湊出史上最糟糕的融資收購案（leveraged buyout）。春田再造開始營運的第一年，負債股本比一度高達八九：一。那就好像以十萬美元的頭期款買下八百九十萬美元的房子一樣。銀行一般認為負債股本比高於二．五：一，對引擎製造商來說已經風險很高了。

但春田再造還是撐下來了，一九八五年開始獲利及成長，負債股本比降至比較合理的五．一：一（依然高到令人不安）。經濟復甦確實有點幫助，不過真正把公司從谷底拯救出來的，是史塔克管理公司的激進點子：對全公司的人開放財務資訊，指導他們那些資訊的意義及如何使用，使員工變成股東。春田再造稱之為「企業大賽」（The Great Game of Business）。那是以紅利制度為核心，設計成比賽的模式，讓員工參與一整年，目標是改善特定的「關鍵數字」。

一九八五年秋季，史塔克把全體員工找來開公司的定期會議，在會中談到公司的事業狀況及面臨的挑戰。談話中不免談到春田再造的股價，已經從公司成立時的十美分漲至八．四六美元。所以，ESOP的每股價值大約是兩萬三千元。他一提到價位，馬上引起每個人的關注。大家突然很好奇ESOP究竟是怎麼運作的，如何提升股價，何時可以拿到錢，以及可以拿錢時的每股價值又是多少。

史塔克回答大家的問題時，花了點時間解釋現金流的基本常識。他提到公司有部分的現金被存貨綁著，例如連桿、引擎核心等存貨。史塔克說明結束時，一位領時薪的員工舉手。他說，他知道春田再造創造的現金大部分又投資回公司了，他不知道員工退休後會出現什麼情況。他注意到很多員工的年紀相仿，退休時間可能差不多。到時公司要去哪裡生出那麼多現金，讓他們從ESOP領回？他說：「我們有很多現金綁在那些連桿裝置上，但那些連桿又不能當飯吃。」

史塔克一時語塞，這個問題問得很好，他自己從未想過，也不知道該怎麼回答。他不知道這個問題有多大，或可能變成什麼樣子。他說，當初他之所以設立ESOP，是因為「讓員工當股東似乎是經營公司最簡單的方式，可以讓你專注在生產力上」。不過，在那個員工提出問題以前，他從未想過員工離開時，公司該付給員工什麼。

未來的債務就是所謂的「或有負債」（contingent liability），當時三十五歲的史塔克覺得他必須一直留在公司，直到想出處理方法為止。當年稍早，他們對十三位原始合夥人做了一項調查，史塔克在調查中表示他想在五年後離開公司。當時他也不知道能怎麼做，只覺得他一定會想出辦法。現在看起來他沒辦法那麼快如願了，無論是什麼原因，總之，他把一切怪到愛爾蘭天主教的教養背景上——他知道他無法自顧自地拿錢就走，然後眼睜睜看著公司因為他擔任執行長時所做的決策而崩解。

當初他要是跟現在一樣老謀深算，就會知道他給自己包下了多大的任務，以及整個任務需要花多久時間才能完成。他和同仁一起規畫程序、紀律和制度，以便將來可以「摸著良心安然離開」，他的退場時間表也因此不斷地拉長。過程中，他們偶然想到一個計畫，竟然成了解決那個員工問題的關鍵要素。

關於紀律、勇氣，也關於膽識

解決方案其實是來自另一個全然不同的問題。春田再造在為客戶改製柴油引擎的過程中，常需要換掉一種名叫「冷油器」的零件。史塔克認為公司只要學會如何重新製作冷油器，每年就可省下二十一萬五千美元。於是，為了實驗，他和三位資深管理者另外成立一家公司來製造冷油器，他們從春田再造的外部招募一個人來當創業者，接著他們五人各出資一千美元，並向春田再造借款五萬美元，自己創造高槓桿交易（ＨＬＴ）。

那次的實驗極其成功，一年內，那個名叫「引擎加」（Engines Plus）的新事業就以很低的成本，滿足了春田再造對冷油器的需求。第二年底，引擎加的股價已大漲六〇〇〇％以上。史塔克和其他的管理者發現，基於道德因素，他們必須趁股價還便宜時，馬上把七五％的股權賣給春田再造。

引擎加除了可以降低冷油器的成本及證明槓桿效果外，也能促進春田再造的成長，同時解決「或有負債」的問題。春田再造可以持續設立這種關係企業，有的關係企業以後可以出售，以籌措

ESOP成員未來離開公司時所提領的現金。於是，春田再造公司逐漸轉型成春田再造控股公司。

從那時起，公司的營運狀況也證實了他們想出來的策略和管理方法非常有效。公司成立的一九八三年，營收是一千六百萬美元，虧損六萬美元；但從此之後，直到我撰寫本書之際，已經連續三十一年每年都有盈餘，年營收成長至五．二八億美元，稅後淨利達到兩千兩百萬美元，員工人數從一一九人增至一千兩百零二人。

過程中，公司設立了六十五家以上的關係企業，有些已經售出、有些關閉，有些變成春田再造控股公司的一部分。納入春田再造控股公司的關係企業，大都是由長年在春田再造裡成長的管理者領導。在此同時，公司的股價暴漲。投資人若是在春田再造創立時投資一萬美元，到了二〇一四年一月，價值已經變成三千九百七十萬美元。

在整個過程中，史塔克對自己退場的想法也持續在演變。他後來決定，他只要能留給下一代員工至少持續蓬勃十年的公司和文化，他就很滿意了。「我認為文化只要有架構就能繼續下去，但是架構必須是堅韌的，而不是柔和的。我覺得講究愉悅感的柔和文化——那種為員工營造溫馨氣氛的文化——在打造及保護文化的人離開以後就會消失。公司一定要有紀律，你需要有勇氣。你看資產負債表和損益表，找出缺點，做保護公司該做的事時，需要膽識。而且你絕對不能停下來，隨時都要努力保護公司，你越是灌輸員工那樣的思維，那樣的文化就越有可能持續下去。你創造出來的紀律會讓企業文化歷久不衰。」

春田再造的文化也因此轉變了，公司的核心是「企業大賽」，亦即公開帳目管理。企業大賽每年九月開跑，裡面有個預測流程，其實不太像年度預算編列，比較像全體員工一起規畫商業計畫，包括一套完整的財務預測，並逐月細分。那個計畫就是未來一整年的營運藍圖，以後只要比較預測數字和實際數字，管理者和員工就能追蹤季度和年度目標的達成進度。他們每週都會追蹤數字，找出偏離計畫的項目，然後想辦法解決問題*。

他花二十年讓員工成為老闆，老闆們則口袋飽飽地退休

到了二〇一〇年，史塔克確信，他和同仁一起塑造的文化確實可以長期延續下去，春田再造有一群日益茁壯的領導人在公司裡成長，很多都是大學或高中畢業後就加入公司，他們都參與「企業大賽」多年了，已經非常熟練。史塔克相信他們都知道如何維持這種企業文化的蓬勃。他說：「我覺得這是自然的。他們會使用我們的系統，因為很合理，而且他們都參與開發過這個系統，會持續傳承下去。」

所以，現在只剩下所有權的轉移問題。多年來，春田再造原本那十三位合夥人中，已有十二人逐一把持股變現了。春田再造依據原始的股東協議條件，總共支付了五千萬美元以上。史塔克自己也賣了一些持股，但目前仍持有公司一五%的股權。其他個別的股東約占二二%，剩下的六三%是

由ESOP持有（ESOP合起來算一個股東，員工是ESOP的成員，而不是公司的直接股東）。有些董事覺得，把公司賣給第三方可以讓股東獲得更好的報酬。經過多次討論，再加上大家反對把公司賣給第三方，最後決定由ESOP出錢買下它尚未持有的三七％股權。由於春田再造控股已經改組為小型企業股份公司（S Corporation），從此以後公司的所有利潤都會轉移給ESOP這個唯一的股東。獲利的應繳稅金將遞延至ESOP個別成員把股權變現時才繳納，這個結果使公司的現金流量立刻大幅提升。

二〇一一年八月五日，ESOP正式收購三七％的股權。春田再造為了幫該交易融資，舉債一千一百萬美元，債務將於十年內清償。

當然，我們還要等一、兩個世代以後才會知道，史塔克和同仁試圖打造的卓越公司能否基業長青。但我們確實知道，他用了二十幾年的時間為這一切奠定了基礎。如今這家公司具備最嚴苛的私募股權買家想要尋找的一切特質：驗證可行的商業模式、強大的成長潛力、通過考驗的管理團隊、有四、五位內部的接班人選可以接掌史塔克的位子、生產力很高的勞動力、根基穩固的當責文化，

---

*你可以從我和史塔克合撰的兩本書中深入了解春田再造的文化和系統：《春田再造奇蹟》（*The Great Game of Business*）和《你的企業，我的事業》（*A Stake in the Outcome*）。

以及任何投資人都期待看到的財務系統和最佳實務。這一切絕非偶然，史塔克老早就非常重視學習，並要求同仁都要學習如何從外部投資人的觀點檢視事業。

我相信其他公司也有追求基業長青的其他方法，有些方法或許不像史塔克選擇的這條路那麼漫長，但我也懷疑基業長青有捷徑可循。柯林斯在四本著作裡一再探索「基業長青」這個主題，持久的卓越不僅在商業上很罕見，也很難達成，需要長期不懈的紀律才有可能辦到。不是每個人都適合打造持久卓越的事業，不過，如果你適合走這條路，這個故事給我們的啟示很明顯：開始要趁早！

不過，話又說回來，即使你無意打造持久卓越的事業，趁早開始規畫退場依然是明智之舉。每個退場個案都會受到規畫時間多寡的影響，退場結果不保證一定圓滿，但是給自己充裕的時間做準備，更有機會退得漂亮。

| 第5章 |

「交棒」這檔事，急不來

為自己預留「看錯人」的退路

羅克珊．柏德（Roxanne Byrde，這個故事中的人物和公司已易名處理）說，二〇〇七年秋季她接到一通電話，那通電話來得正是時候。那時她剛滿六十五歲，滿心掛慮著交棒的問題。那通電話是某加盟商的兒子打來的，該加盟商經營幾家加盟店已經四十年，柏德從那個年輕人七歲時就認識他了（就姑且叫他哈利吧），多年來柏德看著他長大，繼承父業擔任總裁。四年前，哈利也加入公司的加盟商諮詢委員會。那個委員會每年開會兩次，在會議上，柏德覺得哈利「隨和有禮」，很賞識他，因為她自己也是那種個性。柏德說：「他是非常優秀的年輕人，話不多，不是木訥寡言，而是不會想到什麼就說什麼。」

所以，當哈利詢問她有無打算出售公司時，她很樂於接受。那是柏德的祖父創立的事業，她在父親過世後接手經營，但她的子女及兄弟姊妹都沒有參與公司的經營。她覺得接手事業的先決條件是先參與營運。「我非常擔心被大集團收購，然後裁掉幫我們打造出現今成果的所有人。」她說：「我希望公司的文化盡量維持現在的樣子，我們的員工都非常快樂，我覺得這是我們成功的一大因素。」因為這個想法，她之前曾和律師討論設立員工持股計畫（ESOP），但律師勸阻她，說ESOP很複雜又有風險。

哈利有意收購公司，似乎是理想的解決方案，但柏德不願把公司整個賣斷給他。一方面，她打算至少再工作十年，她希望工作時，能繼續保有主導權。在交出控制權之前，她必須確定她已經準備好了，而且有合適的接班人——亦即能夠維持公司文化和價值觀的人。

她也知道合適的接班人不見得有財力買下整家公司，哈利確實財力還不夠。所以柏德在律師的協助下，想出一個計畫，讓哈利以一百五十萬美元取得五%的公司股權。後續幾年，公司會持續買回柏德的持股並減資，買價是以交易當時的評價為準。隨著流通在外的股數縮減，哈利的持股比例自然會增加。也許他需要十年左右才能變成唯一股東，但他可以用一百五十萬美元買下價值至少五千萬美元的公司。

這對哈利來說顯然是很划算的交易，而且又能達到柏德的目標，尤其是接班方面。「我覺得兩、三年後可以讓他升任公司總裁，再過兩、三年可以讓他當執行長，接著再兩年我就退休了。等我離開時，公司已經不太需要我，因為他可以處理絕大多數的事情。」

柏德很滿意這個計畫，也對這個計畫充滿信心，所以當律師想在正式協議裡加入多種條件時，她覺得似乎沒有必要。例如，律師想加入一個條款，讓她有權在交易的最初兩年內單方面終止交易。那時她可以用哈利當初的買價，買回哈利的持股。律師說這只是正常的防範措施，所以她接納了律師的建議。

二〇〇八年初，柏德向員工宣布消息，說哈利收購了公司的部分股權，未來將成為公司的業主和總裁。她說：「全公司都很開心，幾位副總裁都和他共事過，他們也很開心，覺得他是完美人選，我也這麼覺得。」

接班人在接手後，可能會變成另一個人

但很快就能明顯看出，哈利可能不如柏德預期的那麼完美。「他對員工非常強勢，」她說：「他對他們說：『我來這裡，不是為了跟你交朋友，而是來搞定事情的。』我曾經跟他談過幾次，請他不要對人那麼失禮。當然，他不覺得自己失禮，他覺得他只是比較直接，坦率說出自己的想法。我告訴他：『好吧，但你不能說完就走，那只會讓他們覺得不知所措。他們甚至不知道隔天工作是否還在，你應該給他們機會回應，你也必須聆聽他們的說法。』」

柏德認為聆聽是管理者應該具備的基本條件。自從她接任執行長後，她的首要之務就是培養一種企業文化，讓員工知道管理高層在乎他們，也會聆聽他們的意見。可惜，對哈利來說這不是首要

之務，他似乎比較在乎自己的費用帳戶。「他第一次想把他和妻子出外用餐的費用報公帳時，我嚇了一跳，連忙阻止。」柏德說：「我對於我們如何花用公司的錢非常嚴格，我自己絕對不會帶全家人出去用餐，然後報公帳。他告訴公司的副總，他當上老闆以後，那是他即將改變的第一項政策。」

在此同時，員工衝突事件也越來越頻繁。「他整個人都變了，跟我以前認識的哈利不一樣。」柏德說：「他會在辦公室裡對著周遭的人大聲說：『這裡太多人了，所以我們才會虧錢，我們應該裁減員工。』員工聽了當然人心惶惶，後來情況越來越嚴重，我每週都會把他找來說：『你不能這樣做。』他會回我：『我這輩子向來是想講什麼就說什麼，也活到今天都好好的，所以我應該不會改變。』」

有很長一段時間，柏德一直希望哈利最後能夠改進，但問題始終都在。她想辦法和哈利溝通，也寫信給他。過了一年半以後，哈利的行徑始終沒有明顯的改進，她覺得她有必要採取不同的方式。她把哈利叫進辦公室，告訴他必須在半年內改正她至少提過五十次的種種問題。若是半年後問題還在，她不得不重新考慮整個協議。

哈利似乎聽進去了，但柏德擔心他可能只會陽奉陰違，在她的面前隱藏真正的感受，只做好表面功夫，讓她以為他改進了。總之，柏德覺得她需要有人幫忙做獨立客觀的評估。一位董事推薦一家家族事業顧問公司給她，她雇用一位資深顧問來提供建議。那位顧問對柏德、哈利、公司的其他副總做了廣泛的訪談，最後的結論是他們的關係仍有挽救的可能。

隨著聖誕節接近，顧問建議哈利和柏德花一個月的時間思考他們希望看到的改變。二〇一〇年初他們又聚在一起時，顧問說他們應該各自列一份清單，寫下他們對彼此的預期。接著，他們再提出改進計畫，以便繼續向前邁進。

不過，他們始終沒有進入改進階段。柏德覺得壓力越來越大，需要盡快採取行動，她告訴顧問：「我聽了很多人說他做了什麼，我也相信他們所說的。我要是不做點什麼，他們會覺得我沒有聆聽他們的意見。」

後來促使柏德採取行動的關鍵，是她開始聽到公司的區域經理報告哈利招募加盟商的方式。他們說，哈利告訴新的加盟商，公司已經歸他經營了，所以不必擔心加盟合約裡那些不喜歡的細節。只要簽約就好，因為他了解他們想要什麼，他身為業主會確保他們以後得到想要的東西。

那些說法讓柏德相信，對哈利無論怎麼苦口婆心，他都不會改變。他已經學會某種小企業的經營模式，那種模式永遠無法擴大營運規模。以前那種方法對他來說很管用，但他不願敞開心胸去了解為什麼那種模式會給大公司帶來災難。更重要的是，他似乎不在乎他的某些做法顯然是不道德的。柏德最擔心的是，哈利掌控事業以後，他可能大幅裁員以提升獲利，然後把公司賣給出價最高的買家，以區區一百五十萬美元的投資，大賺六千萬或七千萬美元的報酬。

於是，柏德決定哈利非走不可。她聯繫顧問，讓他知道她的決定，顧問並未提出異議。二〇一〇年一月四日他們三人再度見面時，柏德告訴哈利，她覺得他們最初的計畫行不通，她決定自己經營事業。根據合約，公司會以哈利當初的買價買回他的股權，哈利也會拿到三個月的遣散費（後來改為六個月）。

公司裡，大家聽到哈利離開的消息時都大鬆一口氣，雖然他招募進來的幾位加盟商感到困惑或不滿。柏德派代表去拜訪他們，以安撫他們的疑慮。至於柏德自己，她覺得肩頭彷彿卸下了一百磅的重擔。她說：「我已經到了不想進來工作的地步。」不過卸下重擔並未讓她輕鬆太久，因為她發現自己又回到最初思考退場的起點：沒有交棒人選，也沒有退場計畫。

儘管可能所託非人，還是要努力尋找合適人選

有些領域習慣把退場規畫視同接班規畫。我想，對上市公司來說，這兩者或多或少是同義詞，因為上市公司的所有權和管理權是分開的。如此一來，公開市場的投資者可以自由決定何時買賣股票，公司領導人的改變不見得會影響他們的決定。因此，公開上市公司的執行長卸任時，需要處理的主要問題（通常也是唯一問題）是：誰是接班人？

私人企業就不同了。是否需要接班人，主要是看你選擇的退場模式而定。如果你像柏德那樣，希望事業維持獨立、保留企業文化，使公司在你離開後繼續壯大，找到合適的接班人顯然非常重

要。相反的，如果你打算把公司賣給策略型買家，像帕加諾那樣，你可能不需要找好接班人，因為收購者多半喜歡指派他們自己的人馬來掌舵。

但是，萬一你還不知道將來想出售的對象是什麼類型，那該怎麼辦？如果你只想確保退場時機來臨時，你有最多種選項（包括持續擁有公司，但是你想去追求其他的興趣），那該怎麼做？

除非你想走彼得斯的「提前退場」路線，否則盡早思考交棒及培養接班人選，是最明智的做法。我們先撇開一個明顯的情況不談：萬一你突然倒下，又沒有接班人選，那可能會使你在意的人陷入風險。從退場的觀點來看，許多買家的收購條件是，買主不想親自經營公司。如果你解決了接班問題——亦即你離開後，公司依然順利營運——則當你要出售事業時，可以吸引到更多有興趣的買家，談判的籌碼也比較高。

找到合適人選是必要的，因為公司即使先前都經營得很好但所託非人，日後還是會造成極大的傷害。所以，你指定繼任者時，要像柏德那樣，想辦法及時發現錯誤及縮小傷害。業主拖著不找接班人選，直到要離開時才開始找，那只是在自找麻煩。有些業主在打算離開時，才從公司外部找來資格不錯的接班人，然後就馬上交接，絲毫不知道自己冒了多大的風險。等到他們發現自己犯錯時，傷害已經造成了。

能精準點出問題的顧問，不代表不會製造問題

以吉姆．歐尼爾（Jim O'Neal）為例，他是O＆S貨運公司（O&S Trucking）的創辦人，也是密蘇里州春田市的前市長。一九八一年，他在二十七歲時從貨運仲介商起家，兩年後他和基斯．史蒂弗（Keith Stever，亦即O＆S裡的S）一起創立貨運公司。不過，當時歐尼爾已經對政治很感興趣，一九八七年他競選春田市議員，史蒂弗不喜歡他當選議員，所以出價想買下他的股權。歐尼爾在三十天內湊足了跟對方出價一樣多的資金，想買下對方的股權。於是，根據他們的買賣協議，歐尼爾獲得了整家公司的股權。史蒂弗馬上另外創立一家新公司：史蒂弗貨運（Stever Trucking），後來出售。二〇〇四年，歐尼爾從新業主的手中買下史蒂弗貨運公司，他說：「所以我們把S買回來了。」

在此同時，他把O＆S打造成一家獲利持續成長的事業，以企業文化聞名，而且屢獲全國各種獎項的肯定（從安全到創新等等）。他非常堅持公開帳目管理，二〇〇〇年設立員工持股計畫（ESOP），二〇〇三年把自己的四〇％持股賣給ESOP。二〇〇六年，O＆S的營收是六千八百萬美元，稅前盈餘是一百八十萬美元，在這個利潤極薄的產業裡，業績相當亮眼。

從表面來看，公司的狀況極佳，但歐尼爾始終覺得前頭有個問題需要解決。「我參加一場研討會，聽到一個問題，然後那個問題就一直在我腦中揮之不去：『三年後你的商業模式還管用

嗎？』」他也擔心他的管理團隊做得不好，更糟的是，二〇〇六年底他注意到經濟有開始走緩的跡象——比經濟開始正式衰退整整早了一年。他說，貨運業通常比其他產業更早發現經濟活動的變化。

就在那個時候，歐尼爾正準備接下卡車整運協會（Truckload Carriers Association，簡稱ＴＣＡ）的會長一職。ＴＣＡ是創立六十八年的組織，全國約有一千名會員。他為了角逐會長一職，整整準備了四年。二〇〇七年三月，他於全國大會上獲選為會長，會長身分會需要他投入許多時間和心力。他向保險經紀人提到他對Ｏ＆Ｓ的擔憂，保險經紀人建議歐尼爾找外人來做獨立分析，並提到他對一位顧問很有信心（這裡姑且叫他凡斯吧）。於是，歐尼爾聯絡凡斯，請他到拉斯維加斯舉行的ＴＣＡ大會上跟他碰面。他們在那裡見面交談後，歐尼爾雇用凡斯來做評估、提出建議和計畫，並指導他們執行計畫。

歐尼爾坦言，當時他除了思考公司可能需要的改變，也在想他自己的生涯可能需要怎麼轉型。他已經投入貨運業二十六年了，開始覺得有點倦怠。他想從事其他事務，包括政治、旅遊和產業協會的工作。他還不打算出售公司，也覺得時機還不對。但他說，如果他能讓「公司管理得當」，他就有時間去追求其他的事物，同時把Ｏ＆Ｓ的賣相打理得更好。

二〇〇七年七月，凡斯完成報告。那份報告確認了歐尼爾之前的一些疑慮，也提出一些新的問題。他的管理團隊確實如他所料機能失調，公司裡有一些流言已經傳了很久，商業模式也確實需要調整才不會落伍，Ｏ＆Ｓ的預測能力也需要改進。公司目前提供的資料不夠即時，無法做為每日及每週營運的依據。

整體而言，歐尼爾覺得凡斯做得不錯，「他的報告寫得很精準，很有幫助。」六年後他回顧時這麼說：「當時我應該就此打住，謝謝他，把顧問費用付清，然後把核心團隊找來研讀那份報告並處理問題。」

但他沒有，他任命凡斯擔任執行長。

坦白講，當時歐尼爾的選擇很有限。TCA會長一職所占用的時間比他原本預期的還多，他急需找人來管理事業。凡斯是唯一的合理人選，因為歐尼爾從未在公司內部培養潛在的接班人。歐尼爾雖然只認識凡斯幾個月，也沒跟他共事過，但凡斯經營過其他事業，曾在另一家貨運公司擔任執行長一小段時間，而且顯然很了解O&S的問題。

獲利亮眼的公司，五年便申請破產

接下來的三年，凡斯負責經營O&S，歐尼爾則是展開新的職涯。二〇〇八年十二月，他宣布參選春田市的市長，所以一直到翌年四月都忙著打選戰。他也如願當選市長了，接著他又忙於市政。二〇〇九年十月我去拜訪他時，他已經不再參與公司的日常營運，他說：「我會盡量到公司，我會看長期的策略，但我不知道公司內部的現況。」他覺得那也沒關係，「這是我想要的，我利用科技來追蹤狀況。」

至於出售公司，他說：「我還不急著賣，公司的獲利不錯，我的生活也過得不錯，沒有必要改變。」他打算再競選兩屆市長，同時積極投入貨運業。在貨運業裡，規模最大的團體是美國貨運協會（American Trucking Associations，簡稱ＡＴＡ），歐尼爾很想當上ＡＴＡ的會長，這樣可以在華府發揮影響力，同時走訪國內外各地。所以，他需要託付給執行長很多的任務，他告訴我，他有信心凡斯擔得起那些責任。

我不知道二〇〇九年我造訪歐尼爾時，他究竟是受到欺瞞、對公司的狀況一無所知，還是過度樂觀。但如今回顧起來可以清楚看到，當時Ｏ＆Ｓ已經陷入困境。營收從二〇〇六年的高點六千八百萬美元，萎縮至二〇〇九年的六千兩百萬美元；稅前盈餘一千八百萬美元變成虧損三十萬美元。二〇一〇年，營收又掉了六百萬，只剩下五千六百萬美元，虧損又多了八十六萬五千元。不過，它的主要問題是現金流量變得非常吃緊，Ｏ＆Ｓ不得不懇求放款人手下留情，讓公司先解決問題。

但是公司的問題越積越多，二〇〇九年公司的三大客戶改變付款條件，使得Ｏ＆Ｓ每年的現金流量短少了九十萬美元。金流短缺迫使Ｏ＆Ｓ開始以托運人付款的方式來付費給司機，司機的流動率因此暴增一倍以上。結果二〇一〇年第一季，公司裡有六十至八十台貨車找不到人力駕駛。這些閒置貨車約占總車隊的二〇%到二五%，公司不僅無法靠這些貨車獲利，還必須持續支付租賃費，造成另一筆龐大的現金流失。

在此同時，公司連續兩年貨車事故頻傳，O＆S為了保單的三十萬美元自付額，總共付了近兩百萬美元。以前O＆S的司機士氣高昂、安全紀錄良好，所以公司有本錢承擔那麼高的自付額。O＆S早該調降自付額了，但沒有及早處理。

雪上加霜的是凡斯的薪酬。公司已經付給他一百萬美元以上，但O＆S的狀況比以前還慘。到了二〇一〇年底，歐尼爾告訴凡斯，他必須重掌執行長一職，他說：「公司負擔不起同時聘請我們兩個。」此後，O＆S持續陷入困境長達十七個月，歐尼爾除了執行長還要同時身兼市長和父職。二〇一一年，O＆S的營收只剩四千五百萬美元，虧損兩百一十萬美元，歐尼爾必須再次懇求債權人手下留情。儘管二〇一一年四月他成功連任市長，卻在二〇一二年五月七日半途卸任了。二十三天後，O＆S申請破產保護，當時公司的資產估計不到五萬美元，負債則約在一千萬到五千萬美元之間。

在迫切需要援助下，歐尼爾找上營收規模十二億美元的鼎盛貨運公司（Prime Inc.），鼎盛公司的總部也在春田市。「大樓已經陷入火海，所有的人只能跳窗逃生。」歐尼爾說：「在我們跳窗時，只有羅伯．洛（Robert Low）幫我們張開救生網。」

羅伯．洛是鼎盛公司的創辦人兼總裁，他提供機會讓歐尼爾參與一個特殊方案，讓O＆S這個牌子繼續留在市場上，成為鼎盛公司的外包承運商。此舉讓O＆S大部分的管理開銷以及近乎全部的閒置貨車產能得以解套。辦公室人員從六十人上下縮編到只剩十四人，歐尼爾覺得這筆交易太棒了。「只要上路的卡車可以多增加二十到三十輛，淨利就能增加一百萬美元。」他停頓了一下又說：「如果我能早兩年這麼做就好了。」

這時公司已經不是歐尼爾的了，他把所有持股賣給在公司任職二十七年的財務總管安妮塔・克麗斯汀（Anita Christian），以免萬一債權人動用他之前簽下的個人擔保，迫使他宣告個人破產，讓O＆S跟著遭殃。因為如果他沒賣出個人持股，債權人就能取得公司股權。只要他和克麗斯汀都遵守這類交易的規定（亦即克麗斯汀必須以公平市價取得股份，而且未來也沒有義務把股份回賣給歐尼爾），這筆交易是可行的。歐尼爾說：「這些股份她可以選擇出售或留著，我也可以出價購回，但她可以不予理會。目前我的首要之務是讓公司及公司裡的人，包括我，存活下去。」

歐尼爾繼續擔任公司的總裁兼執行長，聘用合約是三年，於二〇一七年到期。他說：「我也不知道合約到期以後要做什麼。」他覺得這一切都是他自己的錯嗎？「是啊，很難不這樣想，只要想到我就覺得很自責。」

他可以把原因歸結到一些錯誤上。不過，最大的錯誤還是他把公司交給一個不稱職的繼任者，那個人缺乏領導公司度過七十五年來最嚴重經濟衰退的技能、手段和經驗。凡斯身為貨運公司的執行長，「就像鼓號樂隊裡的鋼琴手」，歐尼爾說：「他根本應付不了行進間的狀況。」

但歐尼爾覺得錯不在凡斯，「他是我找進來的，我必須承擔責任。我原本有一家不錯的公司，是我自己搞砸的。我再也回不到以前的狀態，現在我也不知道以後該做什麼。」

別忘了問接班人一個關鍵問題

歐尼爾和柏德第一次挑選接班人就看走眼，但他們並非少數個案。這類失誤其實比多數創業者所想的還要常見，我們經常看到上市公司出現這種情況，創辦人往往必須重掌兵符。

例如蘋果公司的賈伯斯、星巴克的霍華・舒茲（Howard Schultz）、戴爾電腦的麥克・戴爾（Michael Dell）、印孚瑟斯（Infosys）的納瑞亞納・默希（N.R. Narayana Murthy）、嘉信理財的查爾斯・施瓦布（Charles Schwab）、美國平價時尚品牌都會服飾（Urban Outfitters）的理查・海恩（Richard Hayne）、阿卡邁科技（Akamai Technologies）的湯姆・雷頓（Tom Leighton）、領英（LinkedIn）的雷德・霍夫曼（Reid Hoffman）等等。

但有時就算你想回鍋掌舵，也由不得你了。我有一個朋友（姑且叫他丹尼爾好了）於一九九二年創辦了一家高階主管的人力銀行，後來在那個小眾市場中變成最有名、最受推崇的公司。二〇〇三年他開始思考退場，他覺得當了十年的執行長已經夠了，忙碌的生活令他疲乏，他覺得公司需要找個技能跟他不一樣的執行長。他卸任後想要寫書及教學，所以接下來兩年他開始積極規畫接班的流程。那家公司有獨立董事會，他們請頂尖的獵人頭公司幫忙物色執行長的人選。二〇〇五年二月，董事會挑了一位合夥人，那個人有非常亮眼的履歷，來自四大會計師事務所，我們姑且稱他為羅夫。

不出一年，丹尼爾就發現他和董事會找錯人了。羅夫雖然依照聘用合約，領導公司拓展了服務範圍，但他很快就開罪了丹尼爾的許多舊同事，因為他的管理講究層級體制，用錢揮霍無度，對人頤指氣使。他在公司裡搞了一大堆以前不存在的官僚體制，根據員工的忠誠度來決定升遷，而不是看績效，並在董事會裡安插了不少自己人。最重要的是，他使公司定位偏離了原本鎖定的中型企業，把越來越多的大公司拉進來當客戶。老員工向丹尼爾抱怨羅夫會毀了公司，紛紛掛冠而去。

丹尼爾雖然同情他們，但他陷入左右為難的窘境。要是解雇羅夫，他擔心別人說他捨不得放手，那會導致公司很難找到取代羅夫的合格人選。丹尼爾自己也不想回鍋重新掌舵，他已經為創立公司付出及犧牲很多，不想再重來一遍。

但他也很擔心，他覺得公司現在越來越依賴大型企業的業務很危險。他知道那種大公司一旦遇到經濟衰退，總是先砍顧問經費。但是他現在能做的事情很有限，部分原因在於羅夫的策略看起來成效還不錯。公司正在迅速成長，營收大幅飆升，獲利下滑是因管理階層膨脹很多，還有企業專機之類的鋪張開銷。羅夫聲稱那些花費都是對未來的投資，到了某個時間點，獲利曲線自然會上揚，公司就會開始湧入現金。

但是獲利曲線始終沒有機會上揚。二〇〇七年十二月，經濟開始陷入大衰退，持續了十八個月以上。隨著經濟惡化，那些大型公司的反應一如丹尼爾所擔心的那樣。二〇〇九年，公司的營收在創業以來第一次出現萎縮。

這時丹尼爾重新改組董事會，逼走羅夫的親信，聘請獨立性毋庸置疑的人來擔任董事，新的董事會將負責決定公司接下來的走向。有一家相關產業的上市公司對丹尼爾的公司垂涎已久，他們開出了收購價碼。董事會決定以約五千萬美元（股票加現金的組合）出售公司。後來發布的新聞稿指出，交易後羅夫會繼續擔任公司的總裁，但他在五個月後就離職了。至於丹尼爾，他估計當初公司若是維持前十三年的營運方式，出售的金額可以加倍。

不過，對他來說，最糟的部分是，他原本希望他離開公司以後，公司能持續蓬勃發展，結果卻是這樣消失了。後來某天他跟我解釋究竟哪裡出問題時，才突然領悟到他和董事會犯下的錯誤：當初他們面試羅夫時，忘了問他會怎麼管理公司。因此，他們沒料到羅夫會做出那麼大的改變，也沒想到那會對公司造成那麼大的影響。丹尼爾擔任執行長時，公司相當精實，採取層級不多的扁平式管理架構。他也採用公開帳目管理，並與合夥人及員工普遍分享財務資訊。相反的，羅夫則是嚴密地控管財務資訊，想知道公司營運狀況的合夥人和員工只能自己臆測。

這些改變造成了一些可預期的結果。首先，當責度大幅降低，權力集中在高層，因此出現任人唯親的文化。這種文化阻礙了合夥人與員工之間的坦率討論——坦率的討論也許可以揭開羅夫新策略的陷阱。第二，財務一旦失去了透明度，阻止揮霍和浪費的機制也會跟著消失。第三，那幾乎一定會導致公司失去一些優秀的人才，因為那些人不接受對一切全然不知，尤其他們以前都很清楚公司的財務狀況。

事實上，導致公司衰退的一切內部因素，幾乎都可以追溯到管理理念的改變，但董事會一次都沒問過一個可以揭露風險的問題：你認為公司應該和合夥人及員工分享與討論多少財務資訊？也就是說，你是否力行公開帳目管理？如今回想起來，丹尼爾覺得當初他們忘了問這點實在是匪夷所思，他們看了羅夫的履歷、推薦和談吐，知道他對公司未來的看法，也看到他具備達成公司策略目標的資格。他們看了一切東西，就是忘了問他打算怎樣管理公司。這個疏忽導致丹尼爾和合夥人付出了數百萬美元的代價，也使公司失去了獨立性。

給自己充裕時間，看走眼才能有第二次機會

儘管選錯接班人很容易發生，但至少柏德在律師的協助下，採取了正確的方法。她雖然評估哈利時看走了眼，但最重要的是，她給自己充裕的時間去改正錯誤，及時補救。

當然，她還是有接班問題需要處理，也必須做退場決定。但哈利的經驗至少為她縮減了潛在買家清單。現在她知道，絕對不能把公司賣給她不是非常了解及信任的人，「所以我又開始考慮ESOP了，我覺得這是我唯一的選擇。」

不過，這次她決定諮詢以ESOP專業聞名全國的ESOP專家。她和專家第一次見面後，她發現她對ESOP的疑慮毫無根據。她把股權賣給ESOP後，依然可以維持對公司的控制權。她

了解越多，對ESOP也變得更加熱中。

柏德大概花了一年的時間搞定一切細節，二〇一一年六月，她以四千萬美元的公司估價把股權全部賣給ESOP。約莫同一時間，公司也變成小型企業股份公司（S corporation）。小型企業股份公司裡如果只有ESOP一個股東，就可以享有遞延納稅及改善金流的效益，所以從此以後柏德也可以享受這些優點了*。兩年後柏德指出：「這個安排花了我們很多錢，但是每次我開支票給律師或銀行家時，我都會告訴自己：『要是把公司賣給別人，你得付更多仲介費。』」

此外，柏德也找到接任執行長的合適人選，她說：「他其實一直在我眼前。」喬治・威廉斯（George Williams）雖然才四十五歲左右，但在公司任職已十七年，從品管經理做起，一路升遷至副總裁。幾年前，威廉斯的老闆曾向柏德提起威廉斯有當執行長的潛力，但是她對威廉斯不太熟悉，從未與他每天共事，而且她之前很快就對哈利一頭熱。自從哈利的問題解決後，柏德認為她應該密切關注威廉斯。她仔細觀察後，確定他是優異的人選。她說：「我跟幾個人談過，一些加盟商都認為他是不可多得的人才。他和每個人都相處得很好，做事堅持到底，盡忠職守，很有想法，也熱愛我們的文化。」

二〇一三年初，柏德宣布，二月一日起威廉斯將升任公司的總裁兼營運長。之後會有八年的過渡期，她會逐漸把職責轉交給他。二〇二〇年，威廉斯就會成為董事長兼執行長。

一年半後，柏德並未看到任何事情使她想要改變心意。相反的，她變得更樂觀了。柏德說：

「他有一些我欠缺的優點。我雖然有一些長處，但是在我比較弱的地方，他表現得比我優異。我發現公司在他的領導下變得更好了。」

要做好備援計畫，而且不能只有一個

我很希望就此認定柏德的接班問題已經解決，不過，我在第三章曾經提到的強制出售專家托梅，跟我說了一些業主誤以為接班問題解決了、最後卻樂極生悲的故事。

例如，有個高齡七十的創辦人，把五金零件沖壓公司賣給融資型員工持股計畫（leveraged ESOP，亦即ESOP為了買下公司的股權而舉債，將來再以盈餘償還債務）。他獲得很高的賣價（EBITDA的十倍），而且也因此獲得節稅效益，並把那筆錢投資到變額年金險（variable annuity）中。此外，他也買下廠房和商辦，再把它們租給公司使用。他認為年金和租金就可以確保他未來有穩定的收入。至於接班方面，他找了一位哈佛MBA來擔任執行長，並以認股權做為留住他的獎

---

*小型企業股份公司的獲利是分給股東，然後再以個人的稅率課稅。當不需要課稅的ESOP擁有公司一〇〇%的股權時，原本需要繳納的稅金一直留在公司裡，可用來資助公司的成長。政府並未永遠失去那些稅收，當員工離開公司，把ESOP的持股變現時，就需要繳納個人稅。

勵，其他的重要管理者也獲得類似的獎勵。

一切本來都很順利，直到二〇〇二年三月，進口鋼材課徵新關稅的規定，導致公司的成本突然大幅飆升。公司的最大客戶立即改換不受關稅影響的墨西哥供應商，公司的銷售額幾乎是在一夜之間暴跌，只剩股權賣給ＥＳＯＰ之前的三〇％。執行長和多數的管理者很快就發現，他們的持股永遠無法回到以前的價位了，紛紛辭職走人。

創辦人發現他需要取消ＥＳＯＰ，但是那樣做的話，他必須支付的稅金極高。突然間他需要大量的現金來償還ＥＳＯＰ的貸款，但是當初他賣出股份拿到的現金，都投入變額年金險了，若要贖回必須支付高昂的違約金。至於廠房呢？他借了五百萬美元向公司買下廠房商辦，公司已經花光那筆錢，現在廠房本身沒什麼價值，部分原因在於承租者（公司）已經兩年沒付租金，另一部分的原因在於那棟建築只為單一目的設計：五金零件沖壓。

於是，創辦人找托梅來分析狀況，並思考最好的因應方法，托梅說：「現在能做的很有限了。」

托梅有很多類似的故事，都是小企業主沒為他們精心設計的接班計畫做好出錯的準備。他的建議是：「不要把希望全部寄託在單一接班人身上；不要為了確保你的計畫而舉債或擔保債務；不要低估公司所承受的風險；不要等太久；不要把個人健康視為理所當然；一定要有備援計畫！而且備援計畫不能只有一個！」

看看萊特西怎麼找對接班人選

想找優秀的接班人，過程充滿了重重的陷阱，但有些業主確實設法避開了陷阱，不僅找到賢能的事業管理者，還讓公司變得更加壯大。也許時間會證明柏德已經找到那個人了，馬丁・萊特西（Martin Lightsey）則是已經確定了。二〇〇三年，他從十八年前在維吉尼亞州斯湯頓市（Staunton）創立的特殊刀片公司（Specialty Blades）卸下執行長一職，順利地交棒。

萊特西從公司創立初期就開始思考交棒的問題，「我知道他打算在某個時間點卸下執行長的職位，因為他創立公司不久，就在談由誰來接班。」其妻琳達說：「也許最初兩年還沒有談起這件事，因為那時還不確定公司能否長期經營下去，但公司穩健發展以後，我就知道他在規畫交棒的事了。」

一九七七年，萊特西有幸參與了前雇主美國安全剃刀公司（American Safety Razor，簡稱ASR）的融資收購。一九八〇年，他賣出一些持股，到斯湯頓市買地蓋屋，他的家坐落在優美的雪倫多亞河谷（Shenandoah Valley）。

因此，萊特西對退出／套現機制（liquidity event，指把公司股票變成可支配的現金）很熟，他知道將來有一天，他也需要為那些投入三十五萬美元資金的天使投資人建立這樣的機制。有些投資人是他以前在ASR的同事，有些是他的朋友。由於未來某個時間點需要讓他們把投資變現，他因此想到公司可能出售，也因此想到交棒的問題。此外，萊特西也希望打造一家他離開以後依然蓬勃發展的公司。

不過，一開始他必須聚焦於讓公司步上自給自足的軌道，亦即靠自己創造的現金流量持續營運下去。工程背景出身的萊特西是在ＡＳＲ任職時想到這個創業概念，當時他在ＡＳＲ帶領工業用刀及解剖刀片的部門。該部門製作的刀片通常是裝在機器上，例如把合成纖維切成特定長度的機器。製作這種特殊刀片的機器，是以一般刀片製作機改裝而成。萊特西認為，如果可以結合電腦數值控制（computer numerical control，簡稱ＣＮＣ）的機床技術和刀片技術，ＡＳＲ可以製造各種客戶想要、但現有裝置無法生產的特殊刀片。

他探索這個概念一年後，向ＡＳＲ的執行長提出這個想法。執行長也喜歡這個概念，但覺得無法把它融入公司的發展計畫中。萊特西說他想在ＡＳＲ之外做那個案子，執行長也不反對，甚至後來還成為特殊刀片公司的投資者。不過，由於萊特西曾以ＡＳＲ員工的身分做研究，他們倆協議了一些基本原則，以規範他可使用哪些智慧財產權。最後，執行長答應讓萊特西自由使用幾乎所有的智慧財產權，只要他保證不與ＡＳＲ競爭就好。

創辦一家製造廠，是成本高昂的事業，萊特西認為他需要約一百萬美元才能達到損益平衡的金流。他拿著創業提案去找了約五十個潛在投資人，只有十一人願意投資，於是萊特西勉強以五十萬美元創業（其中包括他出售ＡＳＲ持股的十五萬自有資金），他覺得這是創業的資金底線了。十三年後他回顧這段經歷時告訴我：「表面上看起來行得通。當然，以前沒人做過，所以我們也無法確定。它比我預期多花了約一年的時間。」

事實上，不僅多花了一年，也整整多花了五十萬美元。他從當地的社區銀行取得十二萬五千美元的過渡性融資（bridge loan），並向原始股東做第二輪的募資。一九八五年，特殊刀片公司成立。一九九〇年，營收八十三萬美元，終於達到損益兩平。隔年，首度出現盈餘三十萬九千美元，營收近一百五十萬美元。

公司一路走來培養了高績效的文化，這樣的文化也反映了萊特西對公司營運的理念。「我覺得我們有一些機會可以做得比ASR更好，ASR是採『工會工廠』的形式。我認為讓工廠勞工和管理高層合作，可以創造出更強大的公司。一開始我們也不知道如何稱呼這種模式，但我們從一九八五年創立以來，就是採用公開帳目管理。」

一九九七年，公司的營收達到六百萬美元，盈餘近一百六十萬美元。最初股東投資的中位數是四萬三千七百五十美元，這時的價值已近乎三十五萬美元。有些股東想要出售持股變現，其中包括萊特西的兩個女兒丹娜和珍妮佛。一九九四年，萊特西和妻子基於遺產規畫的因素，把七〇%的持股贈予兩個女兒。他們看到股價正在迅速攀升，女兒可因此獲得漲價的效益。此外，萊特西也擔心，他和妻子要是等太久才出脫持股，他們過世後的遺產稅可能很吃重，女兒可能也會被迫把股權賣給出價最高的買家，這樣對公司可能會有不利的影響。

兩個女兒各有自己的財務需求，出售一些持股可以用來支應那些需求，問題是她們要把持股賣給誰呢？特殊刀片公司需要用自己創造的現金流量來資助成長，所以沒有那麼多財力把那些股權買回來。另一種方法是找新的投資人來買那些持股，萊特西認為斯湯頓市的人可能會有興趣投資。他向一位證券律師諮詢公開上市的程序，很快就發現公司負擔不起公開上市的成本，更遑論以後每年還要付出高達五十萬美元的法律和會計費用，那對年營收不到一千萬美元的公司來說太多了。

不過，萊特西知道，斯湯頓市的社區銀行確實有在交易特殊刀片公司的股份，他一直很納悶那是怎麼辦到的。律師解釋，維吉尼亞州的證券法有規定「例外」的情況，讓該州的公司賣股給大眾，但不需要向美國證券交易委員會（Securities and Exchange Commission）登記或提交報告。除了小銀行適用這種例外條款以外，特殊刀片公司也可以利用這個例外條款，只要股份是賣給維吉尼亞州的居民並符合某些條件就行了。

萊特西花了幾個月的時間研究這個問題，並與董事會和律師開會討論。一九九九年初，他們終於把股份拿出來出售，約三十五位維吉尼亞人以每股二十美元的價格買下三萬股，共六十萬美元（這是董事會決定的價格）。這次募股只花了公司一萬五千美元的成本，大都是法律費用。後續十年間，特殊刀片公司總共做了三次州內募股，這次是第一次。

多找幾位候選人，讓董事會決定任用誰

州內募股機制讓股東可以買賣持股，也幫萊特西解決了退場時所面臨的一大課題：所有權的移轉。股東可以自己決定要不要買賣持股。不過，領導權的轉移還是他的一大煩惱。幸運的是，就在他們做第一次州內募股的前夕，一個可能的解決方案出現了，這次也和他的女兒有關。

萊特西的大女兒丹娜大學畢業後，搬到舊金山，並在朋友的介紹下，認識剛從佛蒙特州米德伯里學院畢業的彼得．哈里斯（Peter Harris）。哈里斯在小型顧問公司上班，為跨國企業建議進入中國市場的策略。他畢業於米德伯里學院知名的中文系，是數學和中文雙主修，會講流利的中文，所以在工作上相當得心應手。不久丹娜和哈里斯開始交往。

兩人的感情日益深厚以後，哈里斯面臨了職涯選擇。他已經花很多時間在中國上，下一步是到當地輪調三年，但他後來決定去念ＭＢＡ，最後申請進入維吉尼亞大學的達頓商學院。他告訴丹娜：「你有兩年時間可以跟父母住近一點，以後可能再也沒有這種機會了。」丹娜答應了。一九九六年，他們搬去維吉尼亞州，那年秋季開學以前，這對情侶在斯湯頓市的萊特西家中成婚了。

哈里斯讓萊特西夫婦留下了非常好的第一印象，他們越了解他，就越喜歡他。他們知道哈里斯畢業後可以自由選擇職業生涯，但也忍不住心想，他對特殊刀片公司來說是不可多得的人才。一九九七年春末，哈里斯夫妻去斯湯頓市時，萊特西提議跟哈里斯一起散步。他們在住家附近的林間漫

步時，萊特西告訴女婿，如果他有興趣在維吉尼亞的小型製造公司工作，他很樂意跟他討論加入特殊刀片公司的事宜。

萊特西說：「我只是想讓他知道有這個機會，我不是在慫恿他接受我的建議，但如果他有興趣的話，我很樂於接受這種可能性，雖然我非常反對任人唯親。我說：『就財務而論，你去投資銀行或顧問公司上班可以賺更多，小製造廠可給不起上百萬美元的年薪。』」

哈里斯說，在那之前，他從來沒想過加入特殊刀片公司，但是考慮幾天後，他覺得那也許是不錯的選項。於是，他告訴萊特西，他願意進一步討論這個機會，萊特西也很高興。那年夏天，哈里斯剛完成達頓商學院第一年的課程，到開利公司（Carrier Corporation）實習。一度，他跟上司（公司的策略規畫長）提起，他考慮去岳父那家年營收六百萬美元的製造公司上班，上司說：「你瘋了嗎？我們會讓你接管阿根廷的業務！」

不過，哈里斯想要經營事業，而不只是在企業裡追求晉升。從這個角度來看，特殊刀片公司是很好的機會，而且條件也很合適。他的目標雖然是當執行長，但他也知道他必須從基層做起，靠實力爭取那個位子。如果他最後真的達到目標，這樣別人就不會懷疑他是虛有其名，或因為他是萊特西的女婿。為了避免誤解，萊特西和哈里斯約法三章，一起擬定了一份文件，明訂特殊刀片公司不是家族事業，以後也絕對不是，而且升遷是根據績效，並勸阻其他的親戚來申請工作。

哈里斯後來開玩笑說，那是最糟的工作聘書。「萊特西基本上是在說：『你要不要來我這裡接受長期的試用，然後要應付各種裙帶關係的質疑，還得不到任何裙帶關係的好處。你的收入全看績效表現而定，而且這個漫長的試用期結束時，也不保證你會得到你想要的東西。我在公司裡會盡量迴避你，因為我有利益衝突。在此同時，我付你的薪水比你去念ＭＢＡ以前的工作還少。』」

一九九八年六月，哈里斯正式加入公司，一開始是做工業刀片的業務員。哈里斯說，當時最頭痛的其實是他的老闆。「即使我不是萊特西的女婿，她的挑戰也很大。你把一個剛從商學院畢業的小伙子找來，目的是要讓他在不同的工作之間輪調，以了解他有多少潛力。我覺得這對她來說不是一種加持，而是充滿狀況的考驗。」

萊特西也面對另一種全然不同的挑戰。他需要確定，當他需要任命接班人時，董事會有合理的選擇可以挑選。約莫一年前，他找來一位新的財務長，他覺得那是不錯的接班人選。此外，當時公司也有一位營運經理，他是特殊刀片公司的第二號員工（緊接在萊特西之後）。

哈里斯一開始是跟在大家的後頭工作，自己學習這個行業的基礎，「我跟作業員一起操作機器。」他說：「我也花了很多時間和客戶交談，以了解他們的商品。」他也學會看藍圖，逐漸熟悉製造技術。一年後，公司的架構重整，分成幾個事業處，哈里斯擔任醫療刀片事業的經理約一年，接著升任為整家公司的營運經理。過程中，公司內部有關裙帶關係的質疑逐漸消失，部分原因在於哈里斯明顯展現出工作能力和工作倫理，另一部分原因在於他也展現出明顯的獨立性：他是公司裡最敢質疑萊特西的人。

二〇〇二年，萊特西認為更換執行長的時機成熟了，他也覺得哈里斯已做好準備，會是優秀的執行長。不過，一如先前的承諾，他自己不參與挑選，而是把選擇權交給董事會的其他成員。哈里斯和現任的業務經理（之前是營運經理）是唯二來自內部的人選，財務長已經表示無意爭取執行長一職。於是，董事會分別面試他們兩位，並請他們為一長串的問題寫下答案。如果董事會對兩位內部人選都不滿意，可以尋找外部人選。不過，董事會決定不找外部人選，他們最後選擇了哈里斯。

萊特西花了約半年的時間收尾，才將執行長任期圓滿落幕。二〇〇三年一月初，他正式卸任，偕同妻子出外旅遊了三個月。「我犯過很多錯誤，但有一件事情我做對了：我從來不干預哈里斯的做法，完全放手讓他做。」哈里斯後來形容交接「非常平順」。

在任何公司裡，創辦人把執行長的位子交給接班人時，總是對公司的長期營運有很大的影響。萊特西和哈里斯也這麼認為，哈里斯說：「重點其實不是事業活動的交接，而是把全體人員都託付給下一個人。你要讓死忠的員工都覺得他可以繼續為下一個人效勞，而不是依然對創辦人念念不忘。萬一這種託付出了問題，公司會像體內抗體攻擊細菌那樣，排斥接班人。這也是外來的空降人選難以馬上融入的原因。以我的例子來說，我加入公司五年來，大家已經很了解我了。」

當然，萊特西尚未完全抽離公司。他仍然擔任董事長，領著之前一半的薪水，每週仍上班五天，如此持續了七年半。那幾年公司特別忙碌，萊特西的主要貢獻是和哈里斯定期開會，討論重大決定，並為每一季的董事會議做準備。

接班人接下的棒子，也要學著交出去

哈里斯花了一年左右的時間熟悉執行長的職務，直到二〇〇四年才為公司提出新的願景，那涉及了公司營運方向的重大調整。在那之前，特殊刀片公司一直是工業刀片的製造商，醫療刀片算是副業，但工業刀片的市場始終無法擴大，甚至可能開始萎縮，而醫療領域看起來正要大幅成長。大家一致認為公司需要改變營運重點，第一步是先讓醫療事業部有自己的名稱：切割技術（Incision Tech）。

新策略很快就開始奏效，二〇〇三年到二〇〇七年間，營收從九百七十萬美元倍增，變成兩千一百一十萬美元，稅前盈餘從兩百一十萬增加至三百一十萬美元。翌年，公司在相關的醫療領域收購了一家位於羅德島、專門製造針頭和金屬管的製造商。公司需要大量資金的挹注才能完成收購案。他們到私募股權市場尋找願意長期投資他們的公司，最後董事會挑選了一間瑞典的家族理財室（family office）*：艾克索強森（Axel Johnson）。艾克索強森公司透過私募方式取得了二二%的股份。同年，特殊刀片公司改名為凱登斯（Cadence），以彰顯其產品範圍已經擴大到工業刀片與特殊醫療刀片之外。

*家族理財室是私人財富管理公司，專為財富累積數代的單一家族管理投資。

這一切發展都應驗了萊特西當初邀請哈里斯加入特殊刀片公司時的預感：「公司在那個階段，哈里斯是比我更稱職的執行長。我很喜歡技術面，但我不確定我會往刀片製作以外的領域發展。哈里斯帶著公司發展到我可能永遠也達不到的境界。」

哈里斯持續帶領凱登斯發展積極的成長策略，到了二〇一一年，公司營收達到四千一百五十萬美元，稅前盈餘是四百四十萬美元。公司再次需要大筆外部資金的挹注。這一次，艾克索強森加碼投資，把占股拉高到四〇%。

不過，當年最重要的發展是，哈里斯決定招募一位潛在接班者，約莫一、兩年前他開始有這個想法。二〇一〇年他告訴我：「我還沒上任以前，沒仔細想過退場有多難。我沒有想到身為成功的接班人，我也承接了創辦人的交棒問題。我從上一任手中接下了順利交棒的義務，我交棒給下一任時，必須跟上次接棒一樣好，那是很難超越的標竿。」

執行長的任務日益繁重，是他決定尋找接班人的因素。此外，他也開始覺得，公司可能大到超出他的能力範圍，就像以前超越萊特西那樣。到了某個時間點，凱登斯將會需要一位有經驗及專業知識、足以領導更大組織的新執行長，那個人不能像哈里斯當初加入公司那樣從頭學起。他說：「這家公司現在已經變得太複雜了。」

他的意思不是馬上找個執行長來接替他的位子，「我找共事對象時最注重兩點：態度謙遜，而且要有明確的個人目標。執行長最常見的兩種特質是驕傲自大和自私自利。」

所以理想人選必須有資格，能處理凱登斯未來幾年的型態和規模，但又必須有意願先進來當營運長，讓哈里斯有彈性決定他何時想交棒。他委託的獵人頭公司幫他找了一位各方面都符合要求的人選：艾倫．康納（Alan Connor），但康納不願接受最後一項條件。康納是微艾外科儀器公司（Microaire Surgical Instruments）的副總兼骨科專業事業處的總經理，微艾公司也是凱登斯的客戶。康納去凱登斯參觀，並與哈里斯深談後，對凱登斯和哈里斯都留下了深刻的印象，但他不願意接受最後那個條件。於是，哈里斯重新思考後，又去找康納。他建議康納以總裁的身分加入公司，並負責所有的營運。所以二〇一一年四月，康納加入了。

一年後，萊特西卸下董事長的頭銜和職責，繼續擔任董事。由於第二次接班計畫正在進行中，他覺得改變的時機又到了。他在十年前近六十歲時卸下執行長一職，而今年將七十，也已經準備好最後一次交棒。哈里斯馬上獲選為董事長，接替他的職務。

二〇一二年十月，董事會宣布康納升任為執行長。經過六個月的交接過渡期，他正式接掌新職，哈里斯則繼續擔任董事長，但同時也進入艾克索強森擔任副總裁兼執行董事。至於萊特西，他的退場旅程幾乎已經到達終點，他說：「我很開心。我肯定不像一些朋友那樣累積了永遠花不完的財富，但我們已經比多數人富有，過著非常舒適的生活。幸運的是，我的尊嚴和自尊絲毫未損。」

事實上，他完成了只有少數創辦人能夠達到的目標：打造一家卓越的公司，並讓公司在他離開以後長期獨立地運作下去。

| 第6章 |

你已踏上孤寂的「T型」旅程

找過來人聊聊，聽聽自己心聲

成員們魚貫而入，其中包括正在出售第四個事業的連續創業者，因法規改變而導致出售案突然告急；繼承父業並把公司打造成業界領導者的女士，現在正為下一階段做準備；還在為六年前出售公司的決定感到懊悔的業主，那個決定破壞了他最重視的公司特質：充滿幹勁又和樂融融的企業文化；某位家族企業的業主，大家都覺得他經歷了完美的退場，現在退休享有財富自由，遊走於三個住家之間，平日遊山玩水、打高爾夫、參加寫作課與含飴弄孫，但他依然覺得自己失去了重心，不知該如何找回那一份失落感；此外還有五個人。

二〇一〇年八月的某個溼熱午後，他們從芝加哥地區來到這個隨性擴展延伸的白磚平房。這裡可以俯瞰伊利諾州因弗內斯（Inverness）林間的高爾夫球場，是戴夫．傑克森（Dave Jackson）與妻女的住所。

傑克森早年曾在家庭醫療保健產業裡創業，一九九八年出售公司，他說出售公司後的一年半是他的事業生涯中最低迷的時期。那時他感受到徹底的孤寂、失落、迷惘。那次經驗促使他二〇〇八年決定與同樣有痛苦退場經驗的李奇（第二章提過），一起共創演美機構（Evolve USA）。演美機構是為已經出售、打算出售或正在出售事業的業主設立的會員組織。如今聚在傑克森家的這群人是最早加入演美機構的成員，他們每個月定期聚會已經持續兩年了。

他們在屋子裡相互寒暄、了解彼此的近況，分享上次見面以來在事業上及私人生活的最新情況。現場氣氛相當熱絡，大家的神情都很愉悅。他們聆聽彼此，有說有笑，偶爾相互挖苦，輪到多次創業的勒莫尼耶報告近況時，氣氛才冷了下來。最近勒莫尼耶為了幾件事情傷透腦筋：醫專人力派遣公司（MedPro Staffing）受到法規威脅的問題還算小的，他還得把岳父送到老人養護中心、清理岳父的房子，並且把他的狗送去安樂死。

不過，勒莫尼耶首先提起的消息更令他沮喪。那和早在他創業前就認識的一個人有關，當時他還在一家大型的人力公司裡擔任區經理。分公司的經理介紹他認識一名年輕的員工，他很快就看出這個年輕人將來一定能闖出一番事業。「他人長得帥，口條好，悟性又高，比我機靈多了。」勒莫尼耶回憶道：「他後來接下我的一些工作，做得非常漂亮，我很喜歡他，他提振了整個團隊。後來他離開公司，創立三個相關事業，三個都發展得很好。三家公司的合併營收在十一年間從零成長至二・二億美元。我聽說，兩年前他以一億美元，把那些事業賣給了一家私募股權公司。」

「今年六月，他上吊自殺了。我和太太去芝加哥市中心參加他的喪禮。我想，現場每個人都很震驚吧，大家都覺得不敢置信。為什麼那麼優秀的人，年紀輕輕就結束自己的生命？我問他以前的合夥人發生了什麼事，他說：『他失去了人生的目標。』」

「退場這字眼，聽起來感覺像髒話……」

已經出售過事業的人說，要優雅地走完退場的過渡期，有一大障礙是他們所面對的問題性質變了。成功的創業者通常是非常「目標導向」的，這種特質運用在事業經營上非常有利。他們把焦點放在設定與達成目標上，那些目標通常是可量化的。當老闆時，他們面臨的問題都和朝著目標前進的進度有關。例如，我們進展多少了？什麼阻礙著我們？何時可以達到目標？諸如此類的問題。

但是一旦出售並離開事業以後，你突然發現可量化的目標不再那麼重要了，你面臨的最迫切問題變成存在性的。例如，我是誰？為什麼我在這裡？接下來我要做什麼？「經營事業是拚死拚活的競爭，會有許多壓力。」勒莫尼耶說：「但是我們在演美機構要處理的是不同的壓力，那跟人生的目的與意義比較有關。那是一種挑戰，在出售事業以前，你沒有選擇的權利或責任，你需要養家或有各種責任。等你出售事業以後，卻需要選擇人生的使命，那遠比之前被現實環境主導一切、你別無選擇時還要困難多了。」

這群人一起坐下來共進晚餐時，話題已經轉到金錢上。具體來說，他們討論的是：「出售事業時，盡可能追求最高價有多重要，或是那很重要嗎？」

艾德．凱瑟（Ed Kaiser）說：「我為這一點掙扎了很久。」一九七六年，凱瑟到父親的公司波利來（Polyline Corp.）上班，這是一家錄影磁帶盤及媒體包裝材料產品的經銷商。一九九三年，他繼承家業，成為獨資的業主，十一年後出售公司。「有些潛在的收購者可能把公司搬走，裁掉所有的員工。幸好，我找到一個出價超過我的底價又不會裁員的買家。」

珍．莫蘭（Jean Moran）說：「我也很掙扎，因為我的公司還沒賣出去。」莫蘭的公司LMI包裝方案（LMI Packaging Solutions）專門生產封蓋和標籤，例如優格包裝上的鋁箔蓋。「有些待過我公司的人回來告訴我：『這家公司改變了我的人生。』出售這樣的公司，如果只追求最高價，我自己也無法接受。」

「我覺得盡量追求最高價並不是壞事，也不邪惡。」勒莫尼耶說：「只要你注意交易時想達成什麼目的，追求高價並沒有錯。你必須自問：『我的首要目標是什麼？』現在我出售這家公司的首要目標，是為了在財務上公開感謝領導團隊所做的一切。我會追求最高價，但那是因為我想回饋這個團隊，我想盡可能以最好的方式安頓他們。」

大衛．海爾（Dave Hale）坐在餐桌對面專注聆聽，但表情有點不以為然。七十三歲的他是這群人裡最年長的，一九七五年他和合夥人凱洛琳．萊普勒（Carolyn Lepler）合創頂尖的醫療級磅秤設計兼製造商Scale-Tronix公司。他說：「我不知道耶，我覺得結束事業是個可怕的想法，退場對我來說就像要死了一樣。打從一開始，我們的目標就是解決問題及照顧顧客。那是我熱愛的事——幫人解決問題。也許我很奇怪，但對我來說，『退場』這字眼聽起來感覺就像髒話。」

「我有一個朋友跟你一樣討厭退場的概念。」勒莫尼耶說：「但是他現在連房子都快保不住了，因為他始終沒有規畫。我也熱愛我的工作，但我向來把熱情和投資分開來看。妻小、社群和教會是我的熱情所在，事業則是投資。」

「事業是我的熱情所在。」海爾說。

「沒錯，但是對你我來說，可怕的是，扣除事業不看的話，我們還能拿什麼定義自己？」勒莫尼耶反問。

「我不禁想到你那位朋友，出售公司以後，因為覺得人生失去意義而自殺。」曾經經營汙水處理公司的傑克．奧舒勒（Jack Altschuler）說：「我們人類一旦失去了明確的目標，就無法活得很好。如果對我唯一有意義是我的事業，那我一離開事業，就會失去人生的意義。」

「問題是，我能在事業以外找到其他目標嗎？」勒莫尼耶說：「我認為人生在世不止是為了賺錢，只是賺了錢以後，我就擁有自由，可以更深入內在去探索我的人生意義。」

奧舒勒說：「瞧瞧我們這群人都幾歲了。」他們都超過五十歲了，有的甚至更老，例如海爾，「沒錯，你確實需要賺錢過日子，但是對在座的每個人來說，賺錢是我們的主要動力嗎？」

「突然間，大家再也不需要我了……」

退場可能是一場孤寂的旅程，這或可解釋為什麼很多業主盡可能迴避這個議題，不去想它。但逃避有個明顯的風險：萬一突然被迫做出退場決定，他們會措手不及。此外還有一個比較不明顯的風險：他們終於跨入退場階段時，會過度依賴投資銀行、仲介、其他退場專家的意見，那些人的利益顯然和業主截然不同。對退場專家來說，成交是他們的目的，一旦交易完成，他們的焦點就轉移到其他的客戶身上了。可是對業者來說，成交只是下一階段的起點，交易的處理過程對接下來的一切有很大的影響。

你可以從已經退場的業主身上學習，以降低退場的風險。他們的觀點對退場的第一階段特別實用，那時你正在探索退場的可能選項，了解哪裡有陷阱，釐清你想要的是什麼。多數人必須從非正式的管道獲得那些建議，例如透過朋友的人脈圈去接觸一些退場的過來人，因為正式管道非常少見。芝加哥的演美機構，是率先在退場的過渡階段為業主提供同儕支持的會員組織之一。

演美機構的創立靈感來自創辦人痛苦的過渡經歷，他們在出售事業後，都難以在生活中找到充實感和意義。我們已經談過李奇尋找人生意義的歷程，傑克森說他的追尋是從閱讀鮑伯・班福德（Bob Buford）所寫的《人生下半場》（*Halftime*）開始，書中暢談「從追求成就變成追尋意義」。傑克森的職涯已經締造了不少成就，一九八九年他創立首選健康保險公司（FirstChoice Health

Care），九年內，這家公司的營收成長至一千萬美元，旗下有一百五十名員工（幾乎都是護士），公司在帳面上至少有數百萬美元的價值。

只是，他覺得經營事業不再有樂趣了，他必須越來越專注在日常營運上，但他並不喜歡。他說：「感覺一切都像苦差事。」更糟的是，國家健保給付公式的改變，將會影響市場競爭，對大公司更為有利。傑克森因此覺得出售事業的時機到了，他開始尋找買家。一九九八年七月，他把首選賣給巴爾的摩的財星五百大企業：綜合健康服務公司（Integrated Health Services）。

於是，三十八歲的傑克森帶著這輩子的第一筆財富，開始面對下一階段的人生，他需要思考接下來要做什麼。「從追求成就變成追尋意義」這句話，讓他產生了很大的共鳴。公司剛出售的那兩個月，他每天通勤到買方位於市區的辦公室，協助業務交接，他說：「我還記得我每天搭車時，反覆讀著那本書，一遍又一遍。」

當然，追尋意義不見得會找到意義。很可能你連人生意義是什麼都無法定義，除非你已經很清楚自己的定位。傑克森就像多數人一樣，依然在摸索，他只是沒料到出售公司會逼他加速整個摸索的流程。

他偕同妻子克勞蒂雅去芝加哥北方約五小時車程的威斯康辛半島（Wisconsin peninsula）旅遊，半島伸入密西根湖，半島上的多爾郡（Door County）風景如畫。他說：「當時是秋天，我們開車北上，抵達半島時，我突然意識到沒有人找我。我不再配戴呼叫器，因為用不到了，沒有人需要找我，那感覺很怪異。那是我第一次意識到，噢，天啊！一切真的變了！之前我從來沒想過，我多麼在乎別人需要我的感覺。我的自我價值感向來是建築在別人對我的需要上，但突然間，大家再也不需要我了。」

他度完假後覺得應該繼續工作，這時他才充分了解到那番領悟的意涵。他在因弗內斯的住家地下室打造了一間辦公室，「我每天六點起床，淋浴更衣，然後到地下室坐在辦公室裡，整天把鉛筆排來排去。」他偶爾收一下電子郵件、打電話安排會議，列出想要聯絡的名單、待辦事項、可把握的潛在機會等等，但腦中沒有明確的目標。「那就像在玩假裝上班的遊戲，我在尋找東西，但又不知道在尋找什麼。現在我知道我只是想尋找獲得別人重視的方法。」

他說，那段日子有如一場噩夢，持續了一年多。日復一日，月復一月，他持續掙扎，不曉得究竟是哪裡出了問題，也不知道該做什麼，只知道自己像一團爛泥。最後，他在束手無策下，突然冒出一個想法：「我自問：『如果我還在經營事業，面臨事業瓶頸，我會怎麼做？』」

分享退場經驗，成為指導顧問

他發現答案是：他會開始寫商業計畫案。不過，首先，他需要先思考那是什麼事業。於是，他在一疊紙上畫了一個T字形，在一側寫下他願意做的事，在另一側寫下他不願做的事。「結果發現

『不願做的清單』還挺有幫助的。例如，我列了：我不想放棄對個人時間的掌控、不想放棄家庭假期。那份清單為我釐清了方向，我一看到我不願意放棄對時間的掌控，就可以刪掉我考慮投入的很多事物。那是我第一次覺得豁然開朗。」

傑克森逐漸振作起來，但他依然在追尋人生的意義。他開始投入慈善工作，和一群商人參與基督教人道救援組織「世界展望會」所主辦的活動，在貧民區興建大型倉庫，為低收入戶以及幫助低收入戶的社群中心與教會，提供大家捐贈的整修物資。

約莫同一時間，他開始接到一些經營事業的朋友來電，請教他出售首選的經驗。他們邀他共進早餐或午餐，聽他暢談過往的經歷。當時他沒有想到，他其實是在提供寶貴的服務，直到某天他碰巧遇到當地的投資顧問基斯・坎崔爾（Keith Cantrell），坎崔爾建議他為諮詢的時間收費。傑克森一開始覺得不太可行，但是他鼓起勇氣開始收費後，發現大家都很樂於付費。

於是，他意外找到了新的職業生涯，他與坎崔爾的關係也進一步開花結果。坎崔爾經營艾凡斯頓顧問公司（Evanston Advisers）。二〇一一年，就在出售首選的三年後，傑克森買下艾凡斯頓的三分之一股份，並馬上融入其中。該公司的客戶和潛在客戶大都是業主，而且有越來越多的客戶想找人指引他們退場流程。接下來幾年，傑克森成為這方面的指導顧問，指導了數十位想要退場的業主。

他說，他們有一個模式。「對多數業主來說，那就好像比賽快結束時才臨時惡補兩分鐘，之前都沒練習，甚至沒有比賽經驗。我可以清楚看到他們不僅不知道很多事，也不知道自己不知道。我告訴他們，他們沒賣到最高價、沒獲得最大的節稅效益、沒想好個人定位，或是沒做好準備時，肯定會覺得不甘心。那些事情都需要花時間。」

他察覺到這些業主需要別的東西，類似某種學習機制，但他也不是很確定那究竟是什麼。接著，他聽到芝加哥幾位TEC（現更名為偉事達國際）的成員正在為已經出售公司的會員籌組「畢業社團」，他開始參加他們的聚會，在那裡認識了李奇。「那個社團發現，我們退場後面臨很多共同的人生議題。」傑克森說：「我們一起研讀了威廉・布瑞奇（William Bridges）的《轉變之書》（*Transitions*），那本書並非專為退場的業主而寫，但是它讓我們有了共同的語言，了解我們身上發生的事。那感覺有點像哀傷，你會經歷幾個哀傷的階段，一旦你知道自己處於哪個階段，就能夠處理那種心境。那個團體就是在做這件事。」

那個團體的幾位成員向TEC／偉事達國際建議，為那些退場或打算退場的業主成立組織，但偉事達國際並不願意。於是，傑克森和李奇挺身而出，創立了演美機構。

該找誰來為你的退場領路？

當然，同儕團體能為成員提供的協助畢竟有限。在退場方面更是如此，因為很多業主只經歷過一次退場，很少人重複經歷過好幾次。在事業經營上，其他面向幾乎都會一再重複，那是好事，因為熟能生巧，犯錯變成一種學習的機制。退場時犯錯當然也有學習效果，但是如果你以後再也沒有退場機會，那次經驗只會帶來遺憾，而無法幫你改進。所以無論你在退場流程的哪個階段，尋求恰當的協助非常重要。越接近實際的交易時，你需要越專業的協助。

例如，像演美機構這種組織，在任一階段都能扮演十分寶貴的角色，尤其是探索階段。但你在策略階段也需要另一種等級更高的專業，那時的焦點是放在提升公司價值的關鍵要素上，以便提高最後的售價，同時克服事業上面臨的種種威脅，以及維持穩定的成長。

當然，業主無論是否積極為退場做準備，他們本來就應該隨時注意哪些要素會影響公司的價值。不過，當你清楚知道你想要何時離開及想以什麼價位賣出時，情況就不同了。那時，你需要專家為你提供出售的專業建議。如果你打算把公司賣給外部買家，你需要了解這個市場的人來協助你，提供你最佳交易的相關建議。理想上，那個人是你的指導顧問以及交易的主要嚮導，也許他還有更多的功能。合適的人選會盡可能確保你獲得滿意的退場經驗，不當的人選則會讓你辛苦打拚的一切都陷入危險。

想必有些業主是靠自己管理整個退場流程。那通常是很糟糕的點子，原因至少有兩個。首先，除非你已經有退場經驗，否則你可能沒有本事獨自搞定一切。例如，哈莉森當初要是沒找金博爾當顧問，她的退場經驗肯定很悽慘。另一個更大的風險是，隨著出售流程的進行，你會無暇關注事業。管理公司的出售案是非常龐大的任務，多數業主平常沒有理由去學習那些相關的專業和技能。

如果你想憑一己之力出售事業，你就沒什麼時間去做其他的事了。除非你忙於交易時，公司依然能以最佳狀態運作，否則那段期間公司的績效一定會打折。無論最後交易是否完成，你都會為了績效的減損付出昂貴的代價。

然而，好笑的是，最優秀的指導顧問往往就是以前自己出售公司的業主，因為他們曾經付出慘痛的代價來記取教訓。這裡我必須承認，我確實認為有親身經驗的指導顧問（亦即經歷過出售流程及售後結果的前業主），遠比只有諮詢、顧問、交易或其他專業服務經驗的仲介、投資銀行業者、律師、會計師、財務管理師或其他併購專家更有優勢。尤其，面對大型的華爾街投資銀行時，更應該小心謹慎，他們通常把這種任務交給經驗最少的員工處理（例如剛畢業的ＭＢＡ），以考驗他們的辦事能力。

我不是要故意詆毀從事併購案的專業人士，很多專家確實很專業，你在退場過程的不同時間點會需要他們的服務。但是從未賣過個人事業的併購專家可能會有某些盲點，尤其是出售公司時一定會遇到的情感課題。他們通常只醉心於交易，不太關注成交後的狀況。相反的，曾經出售過個人事業的指導顧問很清楚，退場流程不是交易完成就結束了。他們知道何時需要專業服務，以及找誰來提供專業服務最為恰當。

如果你決定把事業賣給子女或其他的家族成員，或是透過員工持股計畫把公司賣給員工，你也需要小心挑選指導顧問。我知道有退場經驗而且現在又以退場顧問為業的前業主很難找。家族企業或員工持股企業的前業主改行當商業顧問後，通常是擔任自家企業的顧問。不過，那不該阻止你向那些有退場經驗的前業主尋求建議，他們的觀點往往和律師、會計師，以及其他專業人士的觀點截然不同。

你的顧問團裡至少需要這些人……

我知道有些律師、會計師或專業人士可能會反駁說，他們也算是業主，畢竟他們擁有並經營專業的服務公司。話雖如此，但如果你的公司不是販售專業的服務，你觀看世界的方式跟律師、會計師之類的專業人士是不同的。鮑勃・伍斯利（Bob Woosley）離開會計師事務所去創業以後，才明白這個道理。

伍斯利是註冊會計師，從普華永道會計師事務所（Price Waterhouse）展開職業生涯，一九八二年成為亞特蘭大富迪會計師事務所（Frazier & Deeter）聘用的第一位專業員工。三年後，他榮升為合夥人，富迪也晉升為美國的百大會計師事務所，並因迅速成長、服務卓越、管理完善，外加創造良好的工作環境，屢獲各大獎項的肯定。

但伍斯利始終懷抱著創業夢。二〇〇〇年他離開公司，和一位合夥人共創 iLumen。他的創業概念是為企業自動收集、分析和比較財務資料，一開始的目標市場是會計師事務所。會計師事務所可以運用他們的技術，為客戶提供更好的服務，以培養更密切的客戶關係。後來 iLumen 也為銀行和加盟主提供這項技術，銀行可以用來服務顧客，加盟主則可用來服務加盟商。iLumen 順利經營十年後，伍斯利卸下執行長一職。二〇一一年，他回到富迪會計師事務所，領導創業顧問事業群，並主導公司的策略成長計畫。

這時富迪已經成長，伍斯利也改變了，他提供給企業客戶的建議和以前不一樣。「現在我一想到創立 iLumen 以前提供給客戶的一些建議，就覺得很糗。」他說：「我現在提供的事業建議比以前好多了。」

伍斯利指出，創業、經營、退出事業的經驗，會改變一個人看待事業流程的方式，包括像他這樣的專業人士，也是如此。所以你應該找有退場經驗的人來為你領路，但是退場流程會出現許多技術性的課題，尤其是第三階段，將需要一整個團隊來處理。指導顧問的角色是匯集及管理那個團隊，團隊裡至少要有一位律師和會計師，可能也需要保險專家以及財富管理經理或理財規畫師。後者在第四階段尤其重要，那時交易完成，錢也已經易手了。

只要指導顧問有創業經驗，其他的專家是否有創業經驗並不重要。可是話說回來，律師事務所、會計師事務所、財富管理公司如果有伍斯利那種有創業經驗的領導者，肯定會有一些優勢。例如，傑克森有一些客戶並不急著出售事業，他可以給客戶充裕的時間思考，因為他的財富管理公司，並不是根據成交來收費。

至於仲介和投資銀行，他們的主要職責是為想要出售的公司開發市場，尋找潛在收購者，監督整個出售流程。有時你需要他們，有時不需要。仲介與投資銀行的差異在於他們經手的交易規模不同，處理案子的方式也不同，但現在兩者的分野日益模糊，因為現在有些仲介也以投資銀行自居。

年營收少於五百萬美元、EBITDA不到五十萬美元的小公司通常是找仲介。仲介處理事業出售的方式，就像房地產仲介經手房屋銷售一樣，他們會在報上或網路上打廣告，盡量撮合回應廣告的潛在買家。許多小型仲介的業務很廣，例如他們也處理房屋、船艇、商用物業、移動住宅等等。他們對他們代表的賣家其實了解不多，所以把仲介的名聲打壞了。比較專業的仲介只處理公司出售案，而且通常是鎖定他們熟悉的特定產業。

相反的，投資銀行鎖定的客戶是年營收五百萬美元以上、EBITDA大於一百萬美元的公司。多數情況下，投資銀行的任務是找出並吸引潛在買家，然後安排及管理議價程序。投資銀行裡有專門處理特定產業的人員，也有兼顧多種產業的一般人員，就像仲介一樣。

從賣家的觀點來看，很難說哪一種比較好，仲介和投資銀行各有優、缺點。幸好，如果你能找到優秀的指導顧問，他會知道你是否需要雇用投資銀行。如果有需要的話，指導顧問也會告訴你哪個類型的投資銀行最適合你的交易。

顯然，對賣家來說，最重要的是找對指導顧問，尤其你要知道買方的主要優勢是：很多潛在收購者已經做過多次交易，賣方卻往往連一次經驗都沒有，經驗豐富的指導顧問可以幫賣方消除劣勢。不過，對顧問來說，最難的是他需要先累積必要的經驗。

指導顧問的養成：彼得斯的修煉

貝索．彼得斯（Basil Peters）坦言，他的首次退場經驗是十足的災難。一九八二年，他在溫哥華的英屬哥倫比亞大學讀研究所時，與人合創奈瑟斯公司（Nexus Engineering）。他說當初創業是因為需錢孔急，為了攻讀電機與資訊工程的博士學位，他已經花光了借來的所有資金。

一開始只有彼得斯和同學彼得．范德葛拉（Peter van der Gracht）一起在大學的實驗室裡工作，資金來自兩位天使投資人。彼得斯與范德葛拉注意到衛星通訊的商機，當時衛星通訊的商業應用正在開發，他們認為有線電視會是未來的風潮。他們已經開始製作有線電視機上盒——具體而言，那是從衛星接收訊號，然後把訊號轉換成資料，以便在同軸電纜上傳輸的頭端設備。

後來證明他們賭對了，公司第一年的營收約二十五萬美元，之後幾乎年年倍速成長，到了一九八九年，年營收已達兩千五百萬美元。身為製造商，他們需要大量的流動資金以維持那樣的成長速度，但他們始終可以從外部募到需要的資金。他們拉進兩輪的創投資金，接著又拉進三個投資法人。

公司的重大突破發生在一九九〇年，時代華納（Time Warner）宣布將在紐約市打造全球第一個五百頻道的有線電視系統。業界巨擘亞特蘭大科學公司（Scientific Atlanta）和通用電子公司

（General Instrument）都說不可能做到。彼得斯和范德葛拉認為可以做到，也設法說服時代華納的首席工程師相信，他們設計的有線電視機上盒可以處理所有的頻道，所以他們獲得了合約。這件事令兩大競爭對手相當懊惱，他們甚至公開放話，說奈瑟斯一定會失敗。但奈瑟斯成功了，十八個月後順利交出系統，一舉超越了競爭對手的技術。

對彼得斯來說，那是美好的年代，他在卑詩省（British Columbia）那個小商業圈子裡成了名人，獲得許多獎項的肯定，上了很多雜誌的封面。奈瑟斯不僅成長迅速，還分拆出好幾個新的事業——共有六個，都屬於奈瑟斯集團。彼得斯和范德葛拉忙得不可開交但很快樂，彼得斯說：「我記得那時每天都忙著經營公司，偶爾在夜裡，會擔心這一切似乎發展得太順利了。我隱隱約約覺得自己好像遺漏了什麼大事，但之後總是撇開不去多想，繼續埋頭工作。」

大難將至的第一個跡象，出現在奈瑟斯剛拿到時代華納合約的時候。彼得斯接到最大客戶羅傑斯通訊公司的創辦人兼執行長泰德・羅傑斯（Ted Rogers）的意外來電。彼得斯回憶道：「他叫我別擔心，他說我會看到媒體報導美國儲蓄信貸協會（Savings and Loan Association）的問題，他只是打電話來叫我放心，他依然可以取得建築貸款，那是他用來採購我們產品的資金。」彼得斯聽完以後，也不知該如何解讀那個訊息。但往後幾天，他陸續接到歐美客戶打來類似的電話，他覺得他應該讓董事會及銀行知道，大客戶都來電叫他別擔心，那肯定有什麼應該擔心的地方（他是以應收帳款向銀行融資貸款）。

事實上，奈瑟斯當時已經感覺到儲貸危機以及後續的垃圾債市崩解。整個有線產業（包括奈瑟斯所有最優質的客戶）都是靠高收益債券（亦即垃圾債券）資助成長的，幾家大型的儲貸機構買了那些債券。一九八九年美國國會通過一項法案，給儲貸機構五年的時間出脫那些垃圾債券。不久之後，大家開始賣債券，導致新債券無法發行，有線公司的募資管道幾乎在一夕間消失了。

不過，彼得斯的客戶持續告訴他不要擔心，他也持續向銀行轉告客戶的口頭保證。六個月後，銀行把奈瑟斯轉給特殊貸款部門，讓他們追蹤奈瑟斯一年，接著銀行提前收回貸款。彼得斯說：「那感覺就像車禍在你眼前以慢動作發生一樣，因為你一年前就看見徵兆了。」在此同時，經濟陷入衰退，奈瑟斯的投資人開始問彼得斯，能不能為他們的資產提供一點變現能力。

「我不知道經濟衰退時私人企業如何提供變現力。」他說：「我心想，我只有一個選擇：幫旗下的七家公司找到買家，看有沒有人對其中一家或多家感興趣。那個念頭令我相當不安，我們一向努力追求企業的成長，從未想過要把事業賣掉。現在的我覺得這太不可思議了，真不敢置信我們毫無退場策略。我們從來沒有討論過，董事會也從未考慮過，甚至我和合夥人一起用餐時，也從未談論過，這是我職業生涯中最嚴重的錯誤。」而且，就像許多錯誤一樣，一步錯，步步錯，一個問題總是帶出一堆問題。

幸好，他也做了幾件正確的事，而且有幾次運氣不錯，讓他避開了差點就一敗塗地的窘境。

出售事業的十二個錯誤

彼得斯從那段匆忙尋找買家的經歷中，整理出了十二項錯誤。**第一個錯**如前所述，是沒有規畫退場策略。**第二個錯**是多年後他才恍然大悟的：他發現當時除了出售奈瑟斯，其實還有替代方案：他可以做再次發行（secondary offering）。他解釋：「那是讓新投資人買下創辦人或原始股東的股權。如今回想起來，我應該在公司的鼎盛時期就安排再次發行，這麼做可以趁著股價好的時候，提供創辦人和天使投資人一些現金，也可以讓我們每個人分散投資風險。這樣一來，我就不必在景氣最糟的時間點，還得承受股東給我的壓力了。」

第三個錯是他決定投注所有時間來管理出售流程，讓范德葛拉處理公司的日常營運。「我投入非常多的時間，常常一天工作十六個小時，因為我們真的需要找到買家。」彼得斯說：「但我又不是很擅長這件事。坦白講，我這方面做得很糟，公司的狀況也很糟。之前，我們兩個人每天都花十二小時在經營事業上，後來我全力投入與營收無關的外部事務後，公司的營運狀況更是急轉直下。所以我記取到一個教訓：一家公司絕對不能讓執行長主導退場計畫。他們當時以為，把奈瑟斯賣給國防承包商是最好的安排，因為冷戰結束後（編按：指一九九一年蘇聯解體後），國防承包商可能會想要跨入非國防的事業。彼得斯確實設法找到了三個潛在買家，他覺得那證明了他們的計畫可行，這是他犯下的**第四個錯**。「我從這件事學到，有興趣的潛在買家，不見得會真的認真考慮購買，他們通常會毫無緣由地逐漸疏離，不是因為生氣或什麼原因，反正就是突然不回你電話了。我們遇到的那幾個買家就是這樣，到最後只剩下一家。」

由於只剩一個潛在買家，再加上現金所剩無幾，公司已瀕臨破產邊緣，現在只能緊抓著那個買家不放。幸好，奈瑟斯的一位天使投資人有出售公司的經驗，他知道情況非常危急，開始介入。他建議他們放出消息，讓亞特蘭大科學公司知道奈瑟斯正在談出售案，可能不久就會被收購。彼得斯從來沒聽過這招，他問：「我們怎麼讓適當的對象得知這個消息？」那位天使投資人說，他們可以雇用一個人傳話，把消息傳給適合的高階管理者。他朋友的公司正好和亞特蘭大科學公司有業務往來，也許他的朋友可以聯繫到職位夠高的人。他們必須協議一個傳話的價碼，但是那個人要收的「中介費」可能是一萬到兩萬美元的現金。

彼得斯認為這個提案聽起來風險很大，再加上公司的現金已經快見底了，他覺得董事會應該不會答應。後來他發現，其實只要找專業的併購顧問，就不需要使出這招。但是當時他們沒找專業的併購顧問，這是**第五個錯**。

總之，董事會答應這麼做了，他們也談定一個價碼，拿了一包現金給中介者，中介者依約打了電話。彼得斯指示中介者洩漏給亞特蘭大科學公司的資訊是：奈瑟斯正在和某大國防承包商協商交易，即將成交。他的目的是要暗示對方，資金不足、規模又小的奈瑟斯（但取得了時代華納的大合約）很快就會獲得資金，對他們造成更大的挑戰。結果這招奏效，不到一天，亞特蘭大科學公司的收購人員就聯繫彼得斯，詢問他們是否還有時間出價。他們馬上提出比國防承包商高出許多的報價。

這時，國防承包商開始三心兩意，不久就不再回彼得斯的電話了。要是當時沒拉進亞特蘭大科學公司，拯救奈瑟斯的行動就失敗了，這也是他們犯下的**第六個錯**：只有一個出價者。「這是任何情況都適用的教訓。」彼得斯說：「萬一你只找到一個出價者，你就要放慢步調，退後一步，至少再找一個潛在買家，每個出售案都需要多個出價者。」

表決前沒搞清楚每個董事是否目標一致，結果……

不過，當時彼得斯看到亞特蘭大科學公司出價時，已經鬆了一口氣。「我心想，我們得救了。」他說：「隨著協商逐日加溫，我甚至開始對未來有點樂觀。我真是太天真了，緊接著就吃了另一記苦頭。」

這個苦頭源自**第七個錯**：他沒有確認大股東是否有共同的目標。他以為大家的目標都一樣，所以在兩場董事會上，他對一位創投業者的奇怪意見感到百思不解。其他董事提醒彼得斯，那個創投業者在暗地裡進行遊說，他開始擔心了起來。

後來遊說的目的變得很清楚，那個創投業者告訴兩個支持彼得斯的董事，萬一奈瑟斯現金燒光，他們連自己的房子都不保。那兩位董事一聽，馬上辭去董事職位。「根本沒這回事，那個創投業者也知道。」彼得斯說：「我勸他們別走，但是他們完全被他唬住了，說什麼也不肯留下來。所以我在最需要董事支持的時候，失去了兩位忠實的成員。」

彼得斯犯的**第八個錯**是：忽略投資人的需求。正因為犯了這個錯，創投業者的上述舉動才會使他措手不及。「這是我的另一個大過失。」他說：「那家創投是在每股約三・二元時投資奈瑟斯。當時我不了解，後來我自己做了幾年的創投，完全可以理解他們為什麼會那麼做。因為他們不可能投票支持投資報酬不到十倍的出售案。」但是當時一股要賣到三十二元根本不可能。

彼得斯逐漸明白，他面臨的是全面的敵意收購。「我後來得知，那個創投公司有相當縝密的計畫，他們經常開會討論如何阻止出售，他們希望我們耗光資金，然後他們可以大舉挹注資金，稀釋我們的股權，重整資本結構，使每股變成十分之一美分，讓早期股東的股份變得一文不值，這是眾所皆知的招數，也是創投業者大舉獲利的常見方法。只是這樣一搞，天使投資人和創辦人就會失去十年來努力打造的一切。」

當時創投業者使出渾身解數，用盡了各種手段。例如，某天奈瑟斯的財務長一臉鐵青地走進彼得斯的辦公室，他說有位董事要求看過去兩年執行長的一切費用紀錄。彼得斯說：「他的臉色蒼白，我說：『別擔心，就讓他看吧。』我一向請公司的主計人員幫我做費用報表，所以我知道不會有什麼不當的紀錄。那個創投業者特地找了取證人員來仔細翻查檔案，之後又提出許多問題，但總之他們找不到可以指控我的資料。」

還有一次，彼得斯接到某個大型投資法人的來電，那家投資法人幾年前購買次順位債券*，放款數百萬美元給奈瑟斯。打電話來的人說，有外部人士來洽詢購買債券的事。彼得斯一聽大為震驚，奈瑟斯就像當時的許多公司一樣，並未遵守貸款協議，可能因此被迫宣告破產，但放款者答應給彼得斯一點時間去想辦法。創投業者若是取得那些債券，就多了一個扼殺出售案的手段。

如果對敵人的奧步只能見招拆招，就算贏也贏得狼狽

彼得斯察覺他可能因為無法預先猜到敵人的奧步而失去公司（**第九個錯**），馬上搭機前往多倫多，去找那家投資法人，請他們給他機會在資深高管面前表明他的立場。他得到首肯，並努力說服那位高管回絕創投公司想買債券的提案。那位高管禮貌地聆聽，並未多說什麼。不過，彼得斯離開時，他覺得他看到那位高管對他眨眼示意，彼得斯說：「回程中，我一整路都在想，剛剛我究竟是看到這輩子最重要的暗示，還是那傢伙只是碰巧神經抽搐。」無論是哪個原因，總之，那家投資法人後來認為捲入收購戰對他們沒有好處，所以拒絕出售奈瑟斯的債券，因此消滅了創投業者奪取公司股權的捷徑。所以最後公司出售與否，全看董事會的表決了。

---

*編按：次順位債券（Subordinated Debt），指一旦債券發行人遭到清算時，其債權清償順序次於一般債權人之債券。

在此同時，公司出售的流程進行緩慢，因為奈瑟斯當時是市場上第二大的頭端製造商，亞特蘭大科學公司是第一大，兩大公司若要合併，可能需要主管機關的核准，所以他們決定先向主管機關提出合併申請。後來他們經過漫長的等待，終於獲得核准。那時亞特蘭大科學公司已經提交意向書，因此需要再做幾個月的實質審查，並協商詳細的協議，以便提交給奈瑟斯的董事會批准。萬一董事會不批准，這筆交易就告吹了。

彼得斯回憶，那場董事會對決前的九個月，簡直是一場又一場沒完沒了的激戰。大致上，雙方都是在暗地裡較勁，創投業者用盡了一切方法去攏絡其他董事。彼得斯在處理出售案的空檔，也會去遊說那些董事，但他總覺得他只有防守的份。「創投業者比我深諳這種遊戲該怎麼玩，我等他們出了招數，才能理解他們在玩什麼把戲，然後我還得拚命跟上步伐。每次我以為我解決了部分的問題，又會馬上發現某個疏忽的地方被他們攻陷了。」

一度，對方還以體型的優勢恫嚇他。「那個創投業者約兩百公分高、一百三十幾公斤，而且以前是明星橄欖球員。我永遠忘不了有一次開會時，他從位子上站起來，繞過桌子，朝著我衝過來，對我大吼大叫。他整個人靠向我，近到我可以確定他中午吃了大蒜，我以為他要揍我，已經做好擋住拳頭的準備，幸好他沒有動手。」

一九九二年八月，亞特蘭大科學公司的併購案終於準備好投票了。彼得斯的妻子正好懷了第二個孩子，預產期就在董事會開會那天的前後。彼得斯原本祈禱女兒可以晚一點出世，但女兒不肯等待。經過漫長痛苦的分娩後，他女兒在董事會當天的清晨四點半出生。彼得斯整晚都在醫院裡陪產，清晨六點半進辦公室——當時他穿著牛仔褲，累到快掛了，需要好好沖個澡。董事會預定在兩個小時後開始，他以為他可以解釋他遇到的狀況，讓會議延後召開。

但董事和他的女兒一樣，也不肯等待。他們表決後，決定照原訂計畫開會，那顯然是不祥的預兆。彼得斯緊張極了，萬一董事會拒絕亞特蘭大科學公司的交易，他肯定會失去十年來為奈瑟斯投入的一切。他環顧會議桌，也不曉得投票結果會如何。兩位董事拒絕透露投票的意向，只說他們看完一切資訊後，會克盡董事的受託義務。彼得斯連一位原始天使投資人的意向都無法確定，創投業者常暗指他是累贅，但私底下又對他百般拉攏。

那場會議進行了半天，董事們仔細地檢閱協議草案，逐一審核每個條款，討論每個重點。理論上，他們應該表決的問題是，奈瑟斯的管理高層是否應該進入流程的下一階段，亦即和亞特蘭大科學公司敲定剩餘的細節。等他們終於進行表決時，彼得斯以一票險勝。

誤以為最後的決戰戰場是董事會投票

彼得斯回家洗澡，大鬆了一口氣。當然，還有很多事情需要處理，但是與亞特蘭大科學公司的協商到目前為止還算順利，他也不覺得亞特蘭大科學公司可能會變卦。於是，他的信心又開始恢復了，至少他有足夠的信心放自己一個週末好好休息，去陪伴剛出生的女兒。畢竟，出售案的最後一大障礙已經移除了，與創投業者的爭鬥也落幕了——這是他犯的**第十個錯**。

奈瑟斯的律師提到他們需要開「特別」股東會，彼得斯以為董事會的表決已經確立了，結果並沒有。董事會的投票結果只是一種對股東的建議：建議股東應該核准出售案。交易要完成必須經過股東投票通過才行，公司約有七十位股東，其中五十人在公司任職，外加二十位左右的外部投資人。

彼得斯卻以為那場股東會投票只是個過場形式，正好是慶祝的完美時機，所以他訂了兩大箱啤酒、一大箱餅乾和洋芋片，請人在舉行會議的倉庫裡安裝了音響。「我以為那會是一個歡樂的下午，直到創投公司的三名合夥人帶著他們的律師走進來，我才知道他們不是來同樂的。我的心一沉，完全沒有準備，顯然我又忽略了什麼重要的事情。」

他忽略的重點是，核准出售案所需的票數——**第十一個錯**。為了保護小股東，法律規定是採取絕對多數決，而不是彼得斯以為的簡單多數決。絕對多數決的比例規定在公司章程裡，彼得斯從未讀過那些內容，他連有那種規定都不知道。創投業者和他們的律師在投資公司以前，進行實質審查的時候，拿了一份公司章程。他們在所有的股東面前宣布，他們有足夠的票數可以否決多數，所以他們要否決出售案。

這個壞消息實在是晴天霹靂，彼得斯整個人心慌意亂，幾乎沒注意到奈瑟斯的律師開始和創投業者討論通過出售案所需要的票數。律師身為會議的監票人，他有責任記錄、計票及確保會議依循該有的程序。奈瑟斯的律師指出，創投業者看的是舊版的公司章程，他已經在上次的股東會中更新了章程，那次股東會因為議程無趣，幾乎無人參與。那次改變的章程內容包括通過公司出售案需要的票數比例，而這個比例已經降低了。

創投業者要求看文件，於是他們又花了兩小時去找文件。彼得斯和其他人一起坐著等待，但他的心思已經飄到別處去了。他說：「我真的沒注意到當下的情況，就只是坐在那裡，覺得我已經死了。我認為我犯了致命的錯誤，一輩子的心血付諸東流，十年來我辛苦建立的帳面財富全沒了。」最後，文件送了過來，證明律師的說法是正確的。根據修正的公司章程，通過出售案所需的票數比創投業者所說的還少。彼得斯當時已經疲憊到高興不起來了，但是他學到了重要的一課：趁早修補結構性的缺陷。「那很麻煩，但你要是不修補，圓滿退場的機率也會大幅降低。」

交易裡面包不包括自己？不要逃避這個問題

此外，他也犯了另一個錯誤（**第十二個錯**），但是直到最後一分鐘他才發現——真的是最後一分鐘。亞特蘭大科學公司在亞特蘭大召開會議，以處理剩下的卡關問題。他們的代表說以後不會再開會了，這次會議會把該處理的事情都處理完。

彼得斯發現，交易條件若有任何改變，都需要股東批准。所以，他帶了十幾位關鍵股東一起去亞特蘭大，以確保交易順利進行。整整兩天，他們和亞特蘭大科學公司的十五或二十位收購專家開會，逐一討論每個項目。外頭極其炎熱，室內雖有空調，卻很悶熱。彼得斯回憶道：「那場會議也令人緊張，我開得汗流浹背，我們費了好一番功夫，終於討論完清單上的每個項目。我把座位推開，準備起身繞一圈，跟大家握手致意，這時我對面的人突然說：『哦，還有一件事。』交易到了最後一刻，你最不想聽到的就是這句話，當下我的心跳差點停了，他說：『我們希望彼得斯也過來待一年。』」

在整個協議的過程中，彼得斯都小心翼翼，不讓他的名字出現在任何組織圖上，也不提到他在事業上有任何實質的效益，他本來期待在奈瑟斯出售後，繼續留在那五家沒有出售的公司裡工作。他認為其中至少有兩家公司前景可期，打算開完會後就回家，展開新的生涯，他都已經想好了。

彼得斯說：「我覺得自己像一隻受困的野獸，被一群拿著長矛的傢伙逼進了峽谷，無路可走。我看了看那些和我一起飛去開會的人，他們都面帶微笑地點著頭。只要我說好，他們就可以等著領大筆現金了。我知道我別無選擇，只能有風度地接受，但我點頭、勉強露出微笑時，我可以聽到臼齒在磨牙的聲音。」

那算是很小的代價了。這筆交易使彼得斯從資金拮据的創業者，變成擁有可投資資本的獨立富商。他說：「那很棒，也改變了我的生活，我有兩年到處旅行，享受白色的沙灘和湛藍的海洋。」但是他並非毫無遺憾，主要是因為他為那些錯誤付出了很大的代價。「我們拖過了公司的顛峰期，等太久了，後來設法以每股約兩元賣出。要是我們早個兩年，趁著行情看俏時出售，我覺得能賣到每股五元或十元。」

他花了十年才了解自己犯下的一切錯誤，又花了更久的時間才學到他應該怎麼做才對。後來他認為是運氣好拯救了他和多數股東，使他們倖免於難。「我們並沒有比別人聰明，有幾個時間點，我們差點就失去一切，純粹是因為運氣好而撐過難關。我做得還可以，但是過程太驚險了。如果當初我早點思考退場，我可以為大家爭取到好幾倍的財富。我們沒必要像驚弓之鳥那樣一路記取那麼多教訓。所以我還是要一再強調：每一家公司都需要完善的退場策略。」

彼得斯雖有遺憾，但長遠來說，那筆交易帶給他的收穫——學習經歷——比他得到的金錢還要寶貴。那次交易成了他日後當併購顧問的入門訓練課程，當他開始擔任他人出售事業的指導顧問時，已經很熟悉整個流程了，而且技巧隨著經驗的累積而持續精進。

後來他指導卡爾森出售超日科技時，已經得心應手，遊刃有餘了。超日科技在退場處理上，可以做為事業出售的典範。

解析一場圓滿的退場：以卡爾森為例

卡爾森會創業是無心插柳，他本是搖滾樂手，也是叛逆的學生，十九歲就結婚生子，到電路板工廠上班。一九七六年，他得知業主打算關廠，遂以一塊錢買下工廠，並扭轉了工廠命運。六年後，他把工廠賣回給原業主。他覺得當初他要是知道自己在做什麼，就不會以那麼低廉的價格賣給原業主了。

他離開電路板工廠後，加入一家小型的網路服務供應商（ISP）：心連通訊（Mind Link! Communications），超日科技是從那家公司分拆出來的事業。一九九六年初，艾星網路公司（iStar Internet）做產業整併時，收購了心連通訊。後續的一年半，艾星網路公司持續收購小型的ISP，卡爾森做了許多約聘工作，密切關注商機。這時，艾星網路公司的商業模式正在演變，卡爾森逐漸發現，原來屬於心連通訊的一塊業務，其實對艾星網路公司沒有用，那一塊是專門服務加拿大卑斯省的偏遠地區。他知道那塊事業沒有獲利，但現金流量還不錯。更重要的是，公司有一支優秀的技術團隊。他覺得他可以把那個事業拿來當平台，打造一家不錯的公司。於是，他去找艾星網路公司的人，洽談以象徵性的小錢收購那一塊業務，他們答應了。

卡爾森的團隊花了兩、三年才搞清楚該怎麼經營那一塊業務。他們把公司命名為超連網路公司（ParaLynx），主要是和廣播電台建立行銷合夥關係。超連提供技術給廣播電台，讓電台提供自有品牌的網路服務給電台的顧客。其中一家電台有自己的有線事業，他們也請超連幫忙提供寬頻網路給顧客。卡爾森和業務行銷副總史蒂芬．麥唐納（Steven MacDonald）因此想到，他們也可以為北美地區約四千家的獨立有線電視台提供一樣的服務，這些電視台大都不太熟悉技術，也沒有資源提供寬頻服務，但是他們的顧客都想要那些服務。

「我們看到@Home網路公司（@Home Network）花了將近六億美元，想從相反的方向做同樣的事情。」卡爾森說：「他們以自己的品牌來推銷服務，把有線業者視為傳輸頻道，那樣做是行不通的，因為有線業者不喜歡有人卡在他們和顧客之間。我們的做法剛好相反，我們說：『你付我們五千美元，我們把全套設備裝進你的設施裡，幫你以你的品牌推出這項業務。然後，你每個月付我們的月費：一個顧客是七元。顧客還是你的，你只付錢買我們的服務。』他們都喜歡這樣的生意模式。」

既然經營策略改了，公司的名稱和領導團隊也要跟著改，超連網路於是改成超日科技。卡爾森那時有點分身乏術，主要是因為他同時參與另一個成長事業：為技客（geeks）*成立的漫畫網User Friendly。由於那個網站占用卡爾森越來越多的時間，業務行銷副總麥唐納擔心會影響超日科技的經營。卡爾森說：「有一天他找我懇談：『我全職經營這家公司，會比你兼職經營更好。』我考慮了一下，覺得他可能是對的。」所以他把超日科技全權交給麥唐納去經營。

在麥唐納的領導下，新策略證實非常成功，但成本也很高。麥唐納和卡爾森為了更方便募資以及讓超日的股東變現，曾兩度試圖和上市公司合併。第一次是找一家公開上市的ISP公司，但沒

*編按：指智力超群、善於鑽研但不愛社交的學者或知識分子。

有成功。於是，他們花了一年多的時間做所謂的「反向併購」，或稱「借殼上市」（reverse takeover，簡稱RTO）。

所謂的反向併購／借殼上市，就是私人企業和上市公司的殼（只剩上市的外殼，不再生產產品或服務）合併起來，如此一來，私人企業不必負擔首次公開上市（IPO）的費用，就可以上市了。不過，這種流程並非毫無風險。首先，空殼公司可能有隱藏性的負債。第二，合併後的公司可能還沒有準備好承接公開上市的負擔。

幸好，卡爾森和麥唐納的RTO因融資不足取消了，他們也不覺得遺憾，因為他們發現借殼上市其實是很糟的點子。超日科技的規模根本不夠大，產品也不足以吸引公開市場的興趣。此外，股權公開以後會使公司面臨更多的壓力，公司可能會撐不下去。

他們也逐漸發現，超日科技可能不像他們所想的那麼迫切需要外部資金。超日科技推動有線策略期間，整整虧損了三年，後來終於在二〇〇二年秋季開始獲利，出現正向的現金流量。二〇〇四年，公司獲利已足以支應自己的成長。但是當時公司也有三十五名股東，其中有十一名是員工，卡爾森知道他有責任設法讓他們出售股權變現。他覺得讓每個股東變現的最好方法是出售公司，也覺得超日科技對多種策略型買家來說，是很有吸引力的收購目標，尤其是那些想要跨足寬頻網路事業的公司。

從顧問變成以退場為任務的空降董事長

這裡我需要特別說一下，卡爾森有一個特點不像帕加諾、史塔克或前面提過的幾個業主，他不是特別在乎公司出售後的狀況。他希望員工過得不錯，所以他才會給他們股權，但是當時他是「不參與營運的業主」（absentee owner），與企業文化沒有深厚的關係，也覺得股權易手以後，公司通常會變。

不過，為了他自己和其他的股東著想，他很在乎公司應該盡量賣到最高價。第一次出售事業時，他因為不懂而賣了低價，這次他希望有個稱職的團隊來引導整個過程。董事會裡已經有一個優秀的人選：大衛．拉法（David Raffa）。拉法是經驗豐富的證券及企業金融律師，正逐漸轉向交易和投資領域發展，他和彼得斯一起創立了一家創投公司：BC優勢基金（BC Advantage Funds）。

彼得斯聽過超日科技這家公司，部分原因在於他以前就是在有線產業工作，所以他很好奇，想多了解這家公司，便請拉法幫他引介。彼得斯初訪超日時，很喜歡他看到的情況。「那時公司還沒有獲利，但他們做的是我熟悉的領域。」彼得斯說：「我覺得他們做得很好，是那種典型的新創公司，一走進去就可以感受到草創階段的振奮感。大家都充滿活力，忙來忙去，感覺很好。」

彼得斯也覺得超日科技的成長策略很完善，「我看得出來他們做了很多正確的事，也掌握了客戶。我也認為他們的市場很廣，公司每一季都在成長，所以我知道他們會很成功，只是不知道會大到什麼程度而已。」

卡爾森希望拉法和彼得斯能幫他出售公司，他們說他們很願意幫忙，但條件是讓他們當投資人兼顧問。他們也希望簽一份正式的併購顧問協議，授權他們去找買家，讓他們以最合適的方式來靈活管理這個出售案。此外，為了交易，彼得斯也將取代卡爾森，擔任董事長一職。

他們的提案需要花點心思才能說服卡爾森接受，「併購顧問協議的條款並不複雜，但也不容易達成協議，因為那對公司來說是很大的決定。」彼得斯說：「我們花了很多時間和卡爾森及麥唐納討論。我們提出我們認為公平的條件後，卡爾森先回家考慮了兩天。他回來以後說，他想跟我單獨談談。他說：『彼得斯，我只是想確定，我們規畫的這個交易，只有在我賺很多錢的條件下，你才能賺到錢。』我說：『沒錯，那正是我們的用意，我們的目標一致，那正是我們想要的。』他說：『好，那我對協議沒問題了，我們就這樣做吧。』」

每週檢討營運目標，惹毛一堆人也在所不惜

最後，從簽下併購顧問協議到公司正式出售，總共花了三年的時間。那段期間，彼得斯小心避免他以前出售奈瑟斯時所犯過的錯誤。事實上，如果你把這兩個出售案的流程拿來對比，你會發現兩者幾乎在各方面都完全相反。

例如，彼得斯和拉法的第一步，是在公司外部舉辦一場策略規畫會，以談定退場策略並確定多位股東的目標都一致。他們一開始討論退場策略，就發現股東的目標各不相同。有些人（尤其是早期投資者，包括卡爾森）想盡快賣掉公司，另一些人（尤其是麥唐納和旗下的經理人）認為公司在兩、三年後會更有價值，所以應該等兩、三年後才出售股權。

彼得斯和拉法也覺得現在出售太早，但為了讓大家的目標一致，他們必須想辦法讓早期的股東出售部分或全部的股權。於是，超日科技和ＢＣ優勢基金合作，規畫「再次發行」以招募新的投資人，用新募得的五十萬美元向想要變現的股東購買股份。彼得斯說，他們順利募到了五十萬元，因為（一）價格合理，（二）有明確的退場策略，（三）已經有優秀的團隊負責執行退場策略。

他說：「有了那三點，那就不再是流動性低的長期投資，而是過渡性投資，而且要找投資者不難，我們找到十幾位。」一年後，超日科技又做了一次「再次發行」，彼得斯也再次投資，這次是用他自己的天使基金。

當然，他們不只需要注意早期投資者的需求，也要讓主要的管理者達成共識。更早之前，卡爾森和拉法已經為麥唐納及其他的資深員工規畫了一套認股權。在那之前，他們的持股和其他員工的都一樣。認股權是分五年取得或是在公司出售時立即取得，他們因此各自擁有更大的股權。

處理這些事情的時間比彼得斯預期的還久，但最後所有的股東終於都認同一個退場策略：在二○○六年底或二○○七年初出售公司（亦即兩年後），賣價至少要達到一千萬美元。彼得斯認為，達到這個目標的最大挑戰是管理團隊太年輕，經驗不足。「他們雖然做得很好，但還有很多東西需要學習。我們是非常積極的董事會，我們的任務是盡快培養管理團隊的技巧。」沒有人比身為董事長的彼得斯還要積極，他說：「有一段時間，將近一年，我跟他們每週開會，討論攸關目標達成的營運面向。」

他稱那些會議為「指導」，但參與者對此頗有微詞，卡爾森常聽員工抱怨。「彼得斯一心想把他們教好，他逼每個人專注，教他們該怎麼做，他只是想確定我們都做對了，達到銷售預測，徹底了解業務。當然，實際營運從來不是那麼簡單。有幾個月運氣很好，有幾個月運氣不好，但彼得斯不管那麼多。他說：『我們每個月都要達標！這樣公司才能賣到最好的價格。』而且他要求每個人都要達到那個紀律，所以惹毛了一些人。偏偏這樣做就是有效！每個人都因此做得很好。經歷過那段日子的人都會告訴你，他們很感謝他，非常感謝！」

不斷延後成交日期是大忌

超日科技的營運雖然對最後的結果很重要，但除此之外，公司待價而沽以前，還有很多事情需要搞定。賣方需要先雇用一家會計師事務所來做稽查，此外，他們也需要一位專精於併購的律師。接著，團隊需要製作一份「交易書」（deal book），那是為潛在買家準備的公司關鍵資訊。專家會從上而下徹底地檢視超日科技的企業架構，審閱雇用及約聘合約，進行深入的稅務審查。彼得斯列了一份待辦清單，上面有五十幾項任務必須在接觸潛在收購者以前完成。那些任務大都非常耗時，也很需要技術。

幸好，他有拉法在一旁協助。拉法以前是律師，他經營公司的經歷比彼得斯還長，他的法務背景使他非常適合處理架構、記錄和協商。二〇〇六年春末，待辦清單上的任務都完成了，公司預測未來一年的營收可從八百萬美元增長至一千兩百萬美元，EBITDA從一百五十萬美元升至兩百二十萬美元。彼得斯和拉法認為尋找買家的時候到了。

他們花了三、四個月，匯集一份潛在買家的清單，約有一百家，包括策略型買家和財務型買家。接著，他們把兩頁的信件，連同超日科技的摘要和簡介，寄給每個潛在買家。然後，花了兩、三個月聯繫這些買家，了解他們的意願。約七、八家簽下保密協議，可以讀取交易書。看過交易書的潛在買家中，有三家表示願意進一步開價及提出交易條件（彼得斯說，對「非常活躍的交易」來說，三家已經夠了）。

接下來的問題是，該接受哪一家。這個問題在董事會裡引發了非常熱絡的討論。卡爾森偏好其中一家，彼得斯和拉法偏好另一家。「卡爾森直覺認為我們應該選第一個出價的買家，那其實不合理。」彼得斯說：「那個買家很有資格，出價也好，但我和拉法都覺得我們可以從其他買家獲得更好的價格。所以我們花了很長的時間討論，究竟是接受第一家，還是繼續等其他家出價。」

卡爾森後來聽從了顧問的判斷，事後他也很慶幸自己聽取了他們的意見。「後來有兩家本地公司出價。」他說：「彼得斯和拉法讓那兩家業者都對我們很感興趣，所以他們同時出價，有點競標的意味，但不像正式搶標那樣。一家業者出價後，彼得斯和拉法看了那個出價，會思考另一家可能出價多少，然後決定該聯絡誰、該怎麼說。對我來說，那就像一場學習歷程，我從旁觀察他們如何賺錢。一度，我們收到一個滿意的出價，但彼得斯和拉法看了一下之後說：『我們要留住營運資金。』所以他們又告訴買家：『我們很滿意那個數字，但我們除了拿走所有的買價以外，還需要留下營運資金。』對方說好，所以我們又多了一百六十萬美元。換成是我的話，我根本不知道可以爭取到那筆錢。我以為公司賣了以後，公司的銀行帳戶也跟著移轉過去。」

後來是一家公開上市的加拿大ISP「宇服通訊」（Uniserve Communications Corp.）買下超日科技。雙方談定價格和條件後，宇服通訊開始進行實質審查。除了幾個小問題以外，實質審查大致上進行得很順利。宇服通訊本身有一些財務問題可能使交易破局，所以延後成交兩次。第三次他們又想延後時，拉法和彼得斯拒絕接受。卡爾森說：「拉法尤其反對延後，他說：『除非我們逼他們履行合約，否則交易可能就此破局。我們已經給他們很多時間，不能再拖了。』我以為他只是對一延再延有點火大，結果證明他是對的。他後來告訴我：『我看過很多案子都是延了三次以後就破局，到最後大家乾脆雙手一攤，說不做了。』」

超日科技把交易的最後期限設在二〇〇七年五月二十四日星期四。卡爾森、麥唐納、彼得斯現在都認為，當初要是沒在那天成交，那筆交易就永遠不可能發生了。首先，宇服通訊會因為財務問題而募不到錢。此外，美元對加幣的匯率大跌，導致超日科技受到重創，因為超日有八〇%的營收是以美元計價，但費用幾乎都是加幣計價。

幸好，交易確實在截止日那天的晚上十一點五十五分完成。正式的收購價是一千兩百五十萬美元，但是再加上營運資金及其他的調整，最後金額是一千四百八十萬美元，比第一個出價以及二〇〇五年九月超日股東討論退場策略時所設定的原始目標售價（一千萬美元）超出近五〇%。

卡爾森、彼得斯、拉法各自拿到錢以後，繼續邁向下一階段的人生。麥唐納和管理團隊則是持續待在超日科技，不久他們也接掌了宇服通訊的營運。儘管他們使出渾身解數，但宇服的財務狀況持續惡化。二〇〇八年十月，宇服在收購超日科技不到十八個月後，被美國的整合寬頻服務公司（Integrated Broadband Services，簡稱ＩＢＢＳ）以兩千萬美元收購。ＩＢＢＳ只想要客戶名單，解雇了所有的員工。這對麥唐納及昔日的超日科技夥伴來說不是多嚴重的問題，他們當初拜彼得斯和拉法所賜，已經拿到不少錢了。麥唐納說：「彼得斯和拉法完美地設計與執行了退場方案。」

至於卡爾森，他從出售案中獲得了他想要的一切。他之所以能夠如願以償，是因為：（一）他知道自己的定位，想要什麼以及為什麼；（二）他有一家賣相很好的公司；（三）他給自己充裕的時間做準備，而且也很幸運有可靠的接班人；（四）他有一個傑出的退場團隊，那個團隊是由經驗豐富的顧問所領導，顧問自己也有退場經驗。我們在第一章也看到，他的過渡階段過得相當平順

（我將在第九章深入討論這個主題），那可能是因為他問心無愧，他知道他始終厚待投資人及員工——那正好也是圓滿退場的下一個條件。

第7章

別傷了股東與員工的心

心安理得，才算退得漂亮

二〇一〇年，某個陰鬱多霧的四月天，奧舒勒來到伊利諾州格倫埃林（Glen Ellyn）的攝影棚接受訪問，談他出售第一個事業的始末。

他在一九七二年創立馬蘭（Maram）工業汙水處理公司，十二年前賣給競爭對手，後來展開新職涯，提供領導訓練及公開演講。但是他在明亮的攝影燈下說起出售公司的經驗時，顯然部分經歷在他腦海中依然清晰。他穿著條紋襯衫，開著領口，外面套著深色的V領毛衣，說明當初實質審查為什麼會那麼困難，拖了好幾個月。

他說，其中一個因素在於他亟欲擺脫事業。他原本覺得經營事業很有趣，也令人振奮，但後來熱情和新鮮感都消失了，他只想盡快離開。「我覺得很不快樂，公司有一些問題，都是常見的工作問題，但我已經不想再處理那些事了。」

不過，最難的部分是他需要隱瞞退場的意圖。奧舒勒聘請會計師和律師來管理出售的流程，他們都告訴他千萬別讓十五名員工知道這件事。他說：「他們那樣勸我，似乎有充分的理由，所以我聽進去了，但真的很難做到，因為我對員工向來開誠布公。現在為了出售公司，我必須關起門來跟員工不知道的人講電話，大家勢必會起疑，不止一個員工進來問我：『一切還好嗎？公司怎麼了？最近你常關起門來。』有時那感覺很尷尬。」

撇開尷尬不談，保密和奧舒勒在公司裡營造的企業文化也格格不入。他向來強調忠實、信任、有福同享、有難同當。事實上，不久前一位重要員工的不忠行徑，是導致奧舒勒決定出售事業的因素。「我是那種很容易信任員工的人，一旦信任受損，忠誠不再，我會覺得很受傷。我花了很多心力栽培一位員工，當我得知他決定辭職，而且沒有坦白告訴我時，我很難過。從此以後，我就覺得經營事業沒那麼有趣了。」

但是奧舒勒正式出售公司以前的那幾個月，他也必須瞞著員工，不讓他們知道這個注定會對他們造成很大影響的決定，那種隱瞞的行徑感覺就像背叛。

他坐在攝影棚的高腳椅上，回想起一件過了十二年依然令他難過的事。「那件事在記憶中實在太鮮明了，始終揮之不去。我一直很小心，確保我和律師及會計師的往來信件都寄到我家，而不是寄到公司。每次有帳單之類的東西，上面都不會寫明那筆帳和出售公司有關，而是以含糊的字眼帶過，例如『提供服務』之類的。不過，那家會計師事務所有一次不小心寫下：『與出售事業給ＸＸ公司有關的服務』。我檢查帳單時沒注意到，就直接把那張帳單連同其他的帳單一起交給行政經理請她處理。我記得當時我坐在位子上，她拿著那張帳單走到我辦公室的門口說：『奧舒勒，你要賣掉馬蘭嗎？』她一臉不敢置信的表情……。」說到這裡奧舒勒停頓下來，壓抑已久的情緒頓時湧上了心頭，他花了一點時間讓自己平復心情。

「我現在依然可以感覺到我的心臟狂跳，因為我還記得、感覺得到當時的情況，那一刻的一切我仍然記得一清二楚。當時我不想正面回應，什麼也沒說，但是她手裡拿著明顯的證據，我無法逃避，只能告訴她。她走回座位，約十分鐘後，她噙著淚水回來告訴我，她覺得她有深受背叛的感覺。她向來對我非常忠實，而我要出售公司，卻把她蒙在鼓裡，她只覺得自己遭到可怕的背叛。當下我也不知道如何是好，簡直糟透了。」

後來他對所有其他員工宣布消息時，情況也沒有好到哪裡去。「我一簽好出售文件，就把全體員工找來開會，大家都來到大會議室。」他說：「當時除了那位行政經理，沒人知道出售公司的事情。你可以想見我告訴他們那個消息時，他們有多震驚。他們個個目瞪口呆，說不出話來。我現在還清楚記得他們的表情，以及他們當時的痛苦。那場會議糟透了。」

奧舒勒告訴他們，收購者是另一家汙水處理公司，他之所以挑選那家，是因為他們的文化和馬蘭很類似。願意留下來的員工，之後就是去那家公司上班。一些人提出問題，一些人表示不敢置信，接著他們搭二十分鐘的車去買方的公司參觀。「我們在那裡逛了一圈，那感覺太詭異了。」奧舒勒說：「震驚的感受像烏雲一樣籠罩著大家，後來我一直承受著那種遭到背叛的怨念。那段日子真的很難受，因為一直以來大家都對我非常忠實，他們覺得深受背叛。他們感到的痛苦令我覺得非常歉疚。」

那次經驗雖然難受，但他從不後悔出售馬蘭，他甚至希望當初能更早出售。「我知道我不再是最適合領導公司的人，所以對於出售公司，我並不內疚，但我為員工感到難過。如果能重來，我會提早告知他們，甚至提早兩年讓他們知道。我會說：『我們一起來完成這件事，讓每個人都能接受。』但是當時我沒有想到這點，沒料到結果會是那樣，我就只是照著別人的建議去做。」

你的公司士氣越高昂，員工越會把你的退場當成背叛

每位業主的退場都不會只影響到他自己，也包括投資人和業主的家人、公司的顧客和供應商，但影響最大的，通常是員工，因為公司是他們的生計來源，他們最容易因為新業主所帶來的改變而受到衝擊。此外，業主完成交易後對整個交易的感受，也深受員工反應及員工日後境遇的影響。

多年來我接觸過數千位成功的創業者，絕大多數都非常關心員工，並盡量公平地對待他們，努力為他們提供良好的工作環境——部分原因在於這樣做才通情達理，但也因為那樣做生意才算精明。事實一再證明，當員工知道公司關心他們時，他們會更有生產力，也會更用心地對待客戶。然而，奇怪的是，當老闆成功營造這種工作環境，反而會使退場變得更加困難。

奧舒勒的情況並非特例，他的經歷就像演美機構的共同創辦人傑克森一樣，我們曾在第六章提到他退場後經歷的痛苦。他出售首選健康保險公司時，也是把員工蒙在鼓裡。等交易完成、資金轉帳後，他才召開員工會議，他說：「那是員工首次聽到公司出售的消息，現場氣氛糟透了。」這是因為首選的企業文化向來很親密，員工充滿了活力，傑克森認為這是公司成功的一大因素。「我們的感情很好，非常好。」他說：「公司的氣氛就像大家庭一樣，所以出售的消息有如晴天霹靂，大家覺得我對他們不誠實，覺得受到背叛，我也沒料到他們反應會那麼激烈。我認為他們得到不錯的交易，福利比以前好很多，也沒有人遭到裁員或減薪。我犯的錯誤是沒給他們時間去處理那個消息，買方的人資部門馬上把各種表格塞給他們，要求他們填寫文件，那一天真的很難過。」

即使員工不覺得你出售事業的決定是背叛他們，退場仍可能是一種五味雜陳的經驗，尤其你在公司營造了高績效的文化時，更可能出現這種情況。吉恩．喬杜恩（Jean Jodoin）就是一例，一九八九年他和三位合夥人合併兩家公司（Spotless Touch 是廚房油煙清理公司；Grease Guard 是餐廳油汙處理器的製造商），在伊利諾州的埃爾金（Elgin）創立斐希利公司（Facilitec）。打從一開始，他們就把培養卓越文化列為首要之務。他們強調努力工作、過得開心，為顧客提供優質服務。「這樣的文化貫穿了整個組織，從電話客服人員到現場安裝的技術人員都是如此。我們把每個顧客接觸點，都視為凸顯公司差異的管道。」

公司快速成長，十年內年營收達到一千萬美元，吸引了潛在買家的關注，包括公開上市的藝康

（Ecolab）。一九九九年，藝康向斐希利提出非正式的收購提案，但斐希利拒絕了。日子久了以後，合夥人之間的關係生變。喬杜恩表示：「工作不再有樂趣。」所以藝康再次提出收購提案時，他們決定接受。

交易完成時，喬杜恩百感交集。「公司出售令人興奮，因為我們得到的錢比這輩子看到的還多，但是拋下員工就這樣離去也令人感傷。有兩百多位員工需要我們，我自己覺得那天我讓他們失望了。我覺得我們承諾過我們會讓公司蓬勃發展多年，結果卻把他們交給新的業主，而且我覺得新業主不會像我們那樣善待他們，不會那麼關心他們和他們的家人，所以成交那天我覺得很痛心。」

心安理得的退場範例：仿曬星球的哈特

我認為多數業主都不希望事業出售那天感到痛心，我也認為他們不希望員工把公司出售視為一種背叛。畢竟，所謂退得漂亮，就是希望能滿心歡喜地帶著錢財，問心無愧地離開；而你之所以問心無愧，是因為你知道你善待了那些幫你順利抵達事業終點的每個人。所以問題在於，所謂的「善待」，對你來說是什麼意思？不同的人會有不同的答案，那沒有關係。不過，打算退場的業主應該趁早回答這個問題，才是明智之舉。

湯尼・哈特（Tony Hartl）是達拉斯仿曬星球（Planet Tan）的創辦人，二〇〇八年他決定出售事業，邁向人生的下一階段，但他也很清楚他離開公司對員工會產生很大的影響。十三年前，他二十六歲，以五萬美元創立仿曬星球（四萬美元來自一位投資人，一萬美元來自他自己的退休金帳戶）。當時他在一家瀕臨破產的仿曬公司上班，他用五萬美元向公司買下三家仿曬沙龍。買了沙龍以後，剩下的錢幾乎只能用來換招牌。不過，哈特只需要這樣就可以創業了。他找來一群團隊，請他們把沙龍打理得一塵不染。他說，他們的賣點是「淨如醫院」的設施，並搭配最先進的儀器。

隨著金流的改善，哈特做了一個關鍵決定：擴大既有的沙龍，而不是像其他業者那樣廣設分店。他覺得只開幾家很大的沙龍，而不是開很多小沙龍，比較能為顧客提供更好的服務，而且業績成長也比人力成本還快。後來證明他是對的，二○○七年仿曬星球有十六家據點，都位於達拉斯—沃斯堡（Dallas–Fort Worth）一帶，約有一百七十位員工。每家沙龍的平均營業額近一百萬美元，相較之下，業界的平均值是二十萬美元。更重要的是，他們的人均銷售額也是業界最高的，而且多家沙龍的 EBITDA 高達五○%以上。

哈特認為仿曬星球無疑是靠員工的素質及卓越的企業文化取勝。「我們有遠大的目標，亦即打造這家卓越的公司。」他說：「我常說我們是這一行最優秀的生意人，我說：『你看那些全球知名的科技公司，我們在零售業也可以做到那樣，只要我們早到、晚退、以客為尊就行了。』那就是成功的祕訣，我們招募認同這個理念的人，或自認為符合那個標準的人，他們的表現會讓我們知道究竟是不是如此。」

哈特很早就收到一些收購的詢問，有的是來自私募股權公司，有的是來自競爭對手，但是他都拒絕了。部分原因在於他覺得公司還沒有準備好，多數沙龍都還歷練不足，需要時間成熟壯大，才能創造大量的金流。同樣重要的是，他自己也還沒有準備好。「我還很年輕，想不到經營公司以外還能做什麼。」他說：「當時我就是做著想做的事，獲利又好，而且我覺得工作很有意義。」

雖然他對事業充滿熱情，但並不打算一輩子都經營仿曬星球。他讀大學時，就為自己設定一個目標：工作到四十歲，然後做點別的事。他打算履行這個承諾，所以最後當然需要出售公司。但是他也決定，絕對不能讓退場的打算損及事業的經營，他始終抱著經營一輩子的心態來經營事業。也就是說，他做決策時，總是從長期對公司最有利的角度出發。不過，他一直沒忘記四十歲以前出售事業的想法。

歲月持續流轉，二〇〇六年十一月，他滿三十九歲，是積極參與青年企業家協會（Young Entrepreneurs' Organization，簡稱ＹＥＯ；如今改稱Entrepreneurs' Organization，簡稱ＥＯ）的成員。他定期參與分會的集會，那個分會每一季都會邀請外界人士來演講。二〇〇七年初來演講的是企業仲介大衛・哈默（David Hammer），哈默才剛幫一位ＹＥＯ的成員出售公司。

哈默在描述退場流程時，強調「交易書」（或稱「投資人說明書」〔confidential information memorandum，簡稱ＣＩＭ〕）的重要。那是一份行銷文件，詳細列出公司的歷史、財務和成長潛力，以及買家感興趣的其他要素。他指出，撇開出售不談，交易書其實也是在對業主高估的公司價值進行事實核查。這個說法特別吸引哈特，所以不久之後，他就聘請哈默來幫仿曬星球製作一份交易書。他覺得那樣做主要是為了做事實核查，而不是為了出售公司，那次經驗也確實令他大開眼界。「我本來不知道製作交易書有多難，或是該放入多少資訊。」哈特說：「對我來說，那是一次很豐富的學習經驗。我本來對於要不要做稽查感到猶豫不決，因為費用高達三萬美元，但哈默說那很重要，所以我們做了，後來發現那是我花過最值得的三萬美元。我們的會計流程做了一些改變，那對公司很棒，但真正令我訝異的是，那也使銀行對我們的信任大增，你一拿出財務報表，馬上顯得與眾不同。我們製作的交易書，讓我對公司感到自豪。它讓我清楚看到，我們從各種關鍵指標來看都是營運很好的事業。就在我們製作交易書時，最大的競爭對手上門來洽談收購。」

那家競爭對手是總部位於達拉斯的全國連鎖事業棕櫚灘仿曬沙龍（Palm Beach Tan），哈特與該公司的執行長布魯克斯．里德（Brooks Reed）已結識為友。里德曾不止一次提到，如果哈特決定出售仿曬星球，他的公司有意收購。交易書製作完成後，哈特送了一份到棕櫚灘仿曬沙龍的總部。棕櫚灘看完後，請他不要再找其他的買家。但是在哈默的建議下，哈特告訴棕櫚灘，他打算和其他幾家有興趣的公司見面，但是在棕櫚灘準備正式出價的期間，他不會啟動競標流程。

一家私募股權公司也表示他們很有興趣買下仿曬星球的大部分股權。哈特與那家私募公司的代表見面，馬上就覺得他對那種交易不感興趣。他不需要靠外部資金來壯大事業，更不需要合夥人。他只希望旗下的重要員工能夠安穩地工作，尤其是那些跟著他打拚七年以上的核心團隊。他也希望買家能夠維持公司的文化和品牌。

令他大感意外的是，棕櫚灘竟然答應了他提出的所有條件。「他們甚至想讓沙龍繼續掛著仿曬星球的招牌，藉此學習我們的沙龍，為什麼能把營收做得那麼高。」哈特說：「他們說：『讓我們學習你們的優點、最好的點子、最佳實務，吸納進我們的公司。』我覺得聽起來很棒。」

不但告知，還讓員工參與出售流程

隨著討論的進行，哈特越來越關注出售事業對員工的影響，尤其是那些與他密切共事的人。他讓其中幾個人參與出售流程，因為他需要他們的協助，覺得他們有權知道細節，也知道他們遲早都會發現這件事。他對他們承諾，他絕對不會讓他們陷入孤立無援的困境。他評估他們都不會因此失業，也向他們保證，萬一他們真失業了，他會以同樣的薪水和福利雇用他們，並在他們找工作期間，幫他們找點事做。「最壞的打算是我再去買一家公司來經營，我覺得讓他們不必擔心錢的問題，是我最起碼該做的事。」

當時，哈特擁有仿曬星球的所有股權，他很早以前就把早期投資者的股權買回來了。他曾經想為旗下的管理者設立虛擬股票計畫，所以去研究了福來雞（Chick-fil-A）和澳美客牛排館（Outback Steakhouse）的敘薪方式，甚至寫好了書面計畫，打算翌年推行。但現在隨著事業即將出售，看來沒必要大費周章去執行計畫。他開始思考以其他的方式，來確保旗下的管理者獲得適度的獎勵。

在此同時，他鼓起勇氣告訴其他一百六十幾位員工，他要出售事業的消息。他說：「我嚇死了，我特地去找ＹＥＯ一位賣過公司的會員教我怎麼說，但我還是很緊張，失眠了一陣子，擔心大家會怎麼反應，他們會憤而離職嗎？萬一他們離職，交易取消怎麼辦？我腦中胡思亂想了很多情境。幸好，後來沒出狀況，我想那是因為團隊對我的信任，他們和我緊密共事很久，都很相信我。他們知道我不是雙面人，不會突然變一個樣。但那次溝通是我遇過最膽戰心驚的經驗。」

交易在二〇〇八年十一月十八日完成，就在他滿四十一歲的十三天後。哈特旗下的管理者並未持有仿曬星球的股票，但哈特設法保證他們在財務上也跟著受惠。他說：「我發給每個人紅利，他們都非常驚喜，我自己比他們還開心。而且連區經理和沙龍店長都能分到紅利，最大的紅利是給之前曾經雇用我、後來兩度擔任仿曬星球代理財務長的人，我和他共進晚餐時，遞給他一張六位數的大支票。」

對哈特來說，出售事業把他這場漫長艱辛、但充滿成就感的旅程帶到了最高潮。他還沒兩歲就被父親遺棄，在貧困中長大，母親身兼兩份工作扶養他和妹妹長大，生活入不敷出，時常挨餓。所以哈特後來不僅財務穩定，更白手起家達到富裕狀態，可說是人生一大勝利。他說：「那一刻感覺很棒，我為自己感到驕傲，因為我知道這一切都不是靠運氣。我拚了快二十年，非常專注，凡事堅持到底，從不食言，結果一切發展遠遠超乎我的想像。」

後來，當他逐漸感受到失去什麼時——亦即公司，包括共事的夥伴——他開始覺得感傷。「那就好像失去了最要好的朋友，仿矖星球是我這輩子得到最棒的恩典，它讓我變成更好的人，讓我認識很多原本不可能接觸到的朋友，讓我有幸能如此感恩。它是我這輩子夢寐以求的最佳夥伴。」即使百般的不捨，但哈特知道，他善待了那些陪他走完這段旅程的人，他走得問心無愧，心安理得。

選擇與員工分享股權的公司

想必讓一個業主心安理得的退場方式，也可能讓別的業主痛心不已。關於業主對員工的虧欠，想法因人而異。除非你是苛刻的老闆，否則當你和員工分道揚鑣時，應該會希望他們將來也過得不錯，但那不表示你有義務和他們分享出售事業的價金。如果你願意分享，那只是反映你的性格和價值觀。你可能也會像哈特那樣，不僅提振了員工的士氣，也讓自己跟他們一樣振奮。

不過，分享財富所創造的善意和商譽也不容小覷。一九九四年，買家為了進行產業整併，向小鮑伯・威爾（Bob Wehr Jr.）和他的兒子吉姆收購艾倫汽車用品公司（Aaron's Automotive Products），我記得當時我也在密蘇里州的春田市。很多公司因為提供友善的工作環境而獲獎肯定，但在春田市，艾倫汽車用品公司是以工作環境惡劣著稱，所以公司出售後，當員工收到至少一千美元的支票及威爾父子的感謝時，他們都大感意外。他們大方分享財富的新聞也登上了當地的報紙頭版，父子倆獲得了各界的讚賞。

然而，如果員工也是事業的股東（無論是個人投資或透過ESOP持股），這些議題就大不相同了。我們暫且先擱置為了讓業主變現而設立ESOP的問題。如果你和員工分享公司的股份，你可能至少懷有一個目的，甚至好幾個目的。

其中一個目的可能是為了建立共識，讓大家把目標放在設法提高股價上。這是新興成長企業普遍和員工分享股權的原因，創投業者和私募股權投資者也經常如此鼓吹。那個理論是說，公司賦予員工財務動機，等套現的機會終於出現時，可以讓大家一起合作，以達到獲利最高的結果。假設你能讓大家目標一致，公司出售時，就代表全體成員攜手抵達了旅程的完美終點——一個可能人人都想歡慶的結果。

不過，許多分享股權的業主，並不打算把公司賣給外部的第三者。他們可能也希望大家的目標都是盡量提高股權價值，但不是為了哪天公司出售時大家都能變現發財。而是因為相信，如果每個員工都能像業主一樣思考與做事，公司也會因此變得更好。有些人會說，員工普遍持股比較能夠精確反映出現實狀況，也比較公平。畢竟，公司的股價不是光靠創辦人和投資人創造出來的，員工也有功勞。從這個觀點來看，員工持股是讓員工能夠分享他們一起創造的利益。

但話說回來，在員工持股的公司裡，高階管理者（通常也是持股最多的股東）在思考「如何善待員工」方面，不見得比那些擁有公司全部股權的業主容易。前者做決策時，還要考慮到他們的受託義務。不過，他們也知道他們是同時為「員工兼股東」（owner-employee）以及他們自己著想。艾德・席曼（Ed Zimmer）就是一例。

員工身兼股東的退場範例：艾科集團的席曼

二〇〇六年，席曼是艾科集團（ECCO Group）的執行長。艾科集團的總部位於愛達荷州的首府波伊西市（Boise），專為卡車、建築設備、巴士，以及其他的商用車製作倒車喇叭和黃色警示燈，在這方面是享譽全球的領導品牌，我曾在《小，是我故意的》裡面介紹過這家公司。

艾科設有一個ＥＳＯＰ，持股五七％，其餘股權是由席曼和前執行長吉姆・湯普森（Jim Thompson）、其他高管，以及一個外部投資者（三％）持有。席曼準備年度的秋季高管聚會時，突然接獲消息指出，公司的競爭對手寶得適（Britax PMG Ltd.）有意出售。在高管聚會上，他提出有機會收購寶得適旗下事業，那將會是公司有史以來最大的收購，也是首度需要用股權來取得必要的融資，那將會使所有股東（包括ＥＳＯＰ）的股權都遭到稀釋。但管理團隊一致認為，這個收購案值得深入探究。

到了十二月底，大家已經不再討論收購寶得適的案子，不過之前的探究倒是帶出了其他的議題，席曼覺得有必要處理。例如，他發現收購者若是收購艾科這種公司，他們願意付的 EBITDA 倍數比他所想的還高。根據他的計算，艾科股票的市場價值是每股三百美元，亦即每股估值一百美元的三倍（估價是依法律規定由獨立外部機構每年至少做一次的評估值）。這個發現使他陷入兩難，和每個ＥＳＯＰ的「或有負債」有關（我們在第四章看過）。ＥＳＯＰ的成員離職或退休時，公司有義務以估價買回那個成員的股份，這筆錢可分期支付——以艾科的例子來說，是分七年支付。但是若有很多人同時離開，公司一次需要付出的現金可能很龐大。

席曼知道艾科的美國員工中，有不小比例已在公司任職逾二十年，快接近退休年齡了。對那些員工來說，ＥＳＯＰ是他們的最大資產，比他們的住家或退休金帳戶還值錢。假設他們在三或五年後退休，他們大概在十年或十二年後會領到最後一筆ＥＳＯＰ的變現款。那段期間可能發生各種事情，而導致他們的錢大幅縮水。例如經濟可能陷入低迷、公司遭逢困境、新科技改變市場的競爭狀況等等，不可預見的事件可能阻礙他們順利領到那麼多錢。

如果艾科的股價真的像席曼估算的那麼高，可以想見收購艾科的買家可能會付出足夠的價金，讓ＥＳＯＰ的成員現在就獲得毫無風險的現金，只要艾科能以現在的速度維持成長就行了。從這個觀點來看，他若是不為公司尋找買家，可能沒有善盡他的受託義務。總之，他面臨一個棘手的選擇：究竟是現在賣掉公司，讓股東和ＥＳＯＰ的成員馬上獲得他們一起創造的價值；還是承擔等待的風險，持續打造公司，把股權和控制權都留在他們的手中？

此外，還有其他的因素需要考量。雖然ＥＳＯＰ對艾科的美國員工很重要，艾科在英國和澳洲也有營運，加起來約有近四〇%的員工，但他們不是ESOP的成員。席曼也需要權衡他們的利益，他也需要考慮公司未來的資本需求。他看得出來，收購兩、三家競爭者可以讓艾科變得更壯大，但收購所需的資金比公司能借貸的還多。所以即使公司現在不賣股份，將來為了融資收購案，也需要賣出部分股票才有足夠的資金。

至於席曼的個人利益呢？雖然他努力把焦點放在公司和全體員工的利益上，也難免會想到他自己也是股東，而且是大股東之一，家裡有妻子和兩個孩子。他們的身家財產幾乎都和艾科的股價連在一起，萬一公司遭逢劫數，他家也會跟著遭殃。

他與管理團隊針對行動方向做了漫長討論後，決定讓市場來回答這個問題。如果他們能找到願意支付不錯價格的合適買家——亦即至少支付艾科估價的三倍——他們就出售股權。否則，他們就繼續維持獨立。他認為公司當時的狀況正適合測試市場，因為他們有充分的彈性，不僅交易類型可以任由他們挑選，連要不要交易也可以自由選擇。如果潛在買家的出價遠低於席曼估算的價值，他們大可放棄出售，公司依然過得很好。所以他們可以非常挑剔交易的對象，至少他是這麼盤算的。

啟動退場的第一步：投資銀行怎麼挑？

第一步是挑選一家投資銀行來代表艾科。席曼透過人脈，接觸了六家熟悉汽車市場的併購公司。他和同事開始面試他們，最後迅速選定位於芝加哥的全球投資銀行林肯國際公司（Lincoln International）。「其他的投資銀行花很多時間描述條件和收費，努力想要獲得我們的青睞。」他說：「只有林肯國際公司花時間問我們許多問題，想要了解我們的需求。」

艾科想要盡快行動，有一部分原因是他們不知道市場還能繼續活絡多久，也不知道估價能否維持在高檔。另一部分原因是，他們希望別拖太久，以免業界出現太多謠傳。此外，他們的出色績效也有助於吸引潛在收購者，艾科不僅獲利和成長紀錄相當不錯，也長期落實公開帳目管理，管理團隊實力堅強，也有深厚的當責文化；更重要的是，不日就會有幾個明顯的機會可以讓艾科的規模加倍，只要有充裕的資金挹注，他們就能把握住那些機會。

二〇〇七年二月，他們開始製作交易書，林肯國際公司指派一位分析師來全職負責這個案子。席曼和哈特一樣，對於製作交易書所需的時間和心力都感到驚嘆。他說：「那不只是會計和數字，還牽涉到很多東西，例如這裡有什麼故事、有什麼價值等等。他們做得非常好，我的意思是說那份交易書真的很棒。」

五月，林肯國際公司寄出所謂的簡介（teaser）給兩百家潛在客戶，告訴他們若有興趣看交易書，請簽署並寄回保密協議（confidentiality agreement，簡稱CA）。他們告訴席曼，若能收到三十份CA，他們會「欣喜若狂」，結果他們收到八十二份！檢閱交易書後，有二十八家潛在的收購者參與初步投標，其中十家的出價超過艾科團隊設定的底價。他們決定與其中九家繼續協商。

這時席曼已經雇用一位與林肯國際無關的獨立受託顧問，來建議及證明出售流程所衍生的結果對ＥＳＯＰ成員最有利。席曼說：「我心想：『這個交易案可能真的確立。我們證明了公司的價值，比我估計的市價還高，而且很多買家有興趣。所以接下來的問題是思考哪種情境對大家最有利。在我看來，最佳情況是我們獲得很高的出價，每個人都保住了工作。但顧問說：『等等！你對ＥＳＯＰ成員和股東有受託責任，你必須為他們爭取最高的售價，不管他們會不會失業。』我說：『你在開玩笑吧！』他說：『沒有，我不是在開玩笑，現實就是如此。』我說：『你是在告訴我，每股可以多賺幾塊、但工作不保的交易條件比較好？』他說：『你必須為股東爭取最好的價格。』」

第二步：要照顧員工，得怎麼挑選買家

艾科在市場上備受買家青睞，原本讓席曼相當開心，但這下子他突然擔心起員工的命運。難道他啟動的連鎖事件，可能在無意間導致員工賠上工作？他和同事突然對潛在買家產生了個人的偏好，他說：「我們希望買家不是來自同業，我們希望對方把艾科當成平台，讓我們繼續獨立經營與擴大，而不是可能關閉我們或把我們併入營運的競爭對手。他們發現，出價最高的買家都是希望看到他們成長的財務型投資者。」

不過，不是每個財務型買家都一樣。私募股權集團是以入股和舉債的組合來融資，席曼說：

「我對那種模式的疑慮是，我們可能一年要支付三、四百萬美元的利息，他們可能會縮小營運和開支，盡量把EBITDA變大，幾年後再把我們賣出去，好獲利了結。」

他看過幾個競爭對手遇到那種狀況。每三年左右，這種公司就會更換新業主、執行長和財務長，也累積了一大堆債務。為了有足夠的現金支付利息，他們會在季末大減價二〇%以出清存貨。客戶馬上就看穿了這種模式，等著季末撿便宜，而他們的競爭對手（包括艾科）則是趁平常搶他們最好的客戶。席曼擔心艾科也會淪落到那種情況，「我們很怕那樣，因為萬一那種公司出價最高，我們基於對股東的義務，可能必須接受對方的出價。」

二〇〇七年五月他們寄出交易書，六月收到初步報價，七月有三週是買賣方見面的管理會議，每次會議都持續一整天。每次都是由席曼先開始，談論艾科的內部文化、核心價值觀、結構和策略。接著，是由艾科底下的直屬高管逐一報告（除了澳洲事業的執行董事無法到場以外），每個人各鎖定一個主題（市場、產品、工程、海外機會等等）。席曼會請一個小組分析市場競爭，整個簡報約花六個小時。這樣做不僅是為了讓潛在收購者清楚、全面地了解艾科，也是為了讓他們直接聽取資深管理團隊的報告。林肯國際公司認為，管理團隊的優點會影響艾科的價值，進而影響買家的出價。席曼說，到最後他們都講得非常駕輕就熟。

表面上，那些會議是為了讓收購者評估艾科，但那也是艾科團隊評估收購者的機會，席曼對其中一家特別中意。那年五月，林肯國際的主要聯絡人湯姆・威廉斯（Tom Williams）打電話給他，說費城有一家由第五代家族所擁有的投資銀行來索取交易書，那家投資銀行名叫波威（Berwind）。波威原是煤礦開採公司，但前執行長查爾斯・葛蘭・波威二世（Charles Graham Berwind Jr.）已經把公司轉型成製造業和服務業的多角化集團。

「威廉斯說：『我們彼此沒有生意往來，但多年來他們一直是我們關注的對象。』」席曼說：「他們顯然很挑，只鎖定極少數的目標，而且潛在收購對象要是不能符合他們的要求，他們馬上果斷放棄。他說：『波威就像小型的波克夏海瑟威（Berkshire Hathaway，巴菲特的公司），如果我們能讓他們出線，他們會是理想的合作夥伴。』他知道我很擔心艾科變成私募股權公司短短投資幾年後就變賣的對象。」

第一場買賣雙方的管理會議正好就是波威，艾科團隊開完會後，都對波威留下深刻的印象。席曼說：「我對他們的偏好可能比其他的買家更多，因為我了解他們的模式。做完簡報後，他們跟我們談了一個小時，說明他們為什麼是很好的合作夥伴，以及他們能帶給我們什麼，我們聽了以後都很滿意。他們約有二十六人，一年做數十億美元的生意。所以我們知道他們不會直接經營他們投資的公司，他們也不可能知道怎麼經營那些公司。我也喜歡他們不會利用我們公司來舉債，他們的債務是掛在自己的資產負債表上。如果你打算收購公司幾年後就變賣套現，你不會那樣做；只有打算長期投資的買家才會那樣做。」

有幾家潛在收購者確實表明，他們買下艾科以後，打算利用艾科舉債，然後幾年內就變賣，他們還覺得那是賣點。他們的想法是，讓艾科的管理團隊繼續推動公司的自然成長，並在新合作夥伴的協助下收購一些事業。假設艾科的營運跟過去一樣好，就能按照計畫還清債務，使股價大幅攀升。三到五年後，新業主再次出售艾科公司時，所有的股東（包括資深管理者）都能大賺一筆。

但席曼一點也不喜歡這種模式。如果新業主希望席曼在艾科出售後繼續留下來擔任執行長，他雖然願意留下來，但他對於來日再大賺一筆一點都不感興趣——尤其那種模式可能使很多同事遭到裁員。在多家潛在的收購者中，只有波威避免那種「買來套現」的模式。波威想把艾科當成平台，建立長期持有的事業。收購艾科可為波威的工業事業部開啟新的領域，包括電子製造、商用車和汽車。席曼從波威的過往紀錄知道，波威旗下的公司只要在某個市場上建立穩固的地位，就會長期待在那裡，席曼覺得那種模式很有吸引力。

九家潛在買家在聽完簡報後，有兩週的時間可以提出意向書（ＬＯＩ）及確定報價。之後艾科會選出其中一家，然後開始做實質審查。有三家公司表示他們不會提出意向書，接著艾科突然收到一個意外的要求：波威告訴林肯國際公司，他們希望在提出報價以前，先做實質審查。

那實在是非常罕見的要求，但林肯國際還是把波威的要求轉告給席曼。席曼答應了，他也不知道會發生什麼狀況。實質審查通常需要兩週的時間，波威竟然在兩天內完成，令所有人大吃一驚。他們十幾個人（一半是波威的人，一半是大型會計師事務所的審計人員）搭著企業專機前來，幾位本地會計師也加入他們的陣容，他們從某天早上八點開始進行實質審查，翌日下午六點就離開了。

他們顯然很喜歡在艾科看到的狀況，八月初波威提出確定的報價時，價格比初步報價還高。雖然另一個買家的出價比波威高了一些，但波威聲稱他們可以在十五天內完成交易，而不是一般的六十天。更重要的是，波威的出價是唯一不受融資狀況影響的。席曼雇用的獨立受託顧問也認為，波威的出價顯然對股東最好。

事實上，另外五個買家取得融資的能力剛面臨很大的問題。他們出價的時候，美國房市的泡沫破滅以及次貸產業的崩垮，正好導致全球金融市場出現流動性危機，突然間各種資金的取得變得困難許多。

席曼當下並未感覺到經濟局勢出現多大的改變，他只覺得波威的出價使他不需要勉強接受其他買家的出價，實在是謝天謝地。不過，在簽完所有的文件及資金轉手之前，交易總是有可能中途告吹，也就是說，出價沒獲選的買家依然有機會敗部復活。艾科和波威的律師開始草擬收購協議時，林肯國際公司仍和其他的買家保持聯絡。在此同時，其他的買家突然接連地退出這個案子，說他們再也拿不到做這筆交易所需的融資。波威不需要外部融資，最後成了碩果僅存的買家。席曼說：「他們大可隨時抽腿，因為經濟局勢已經大幅改變，但他們始終沒走。」

這一切發生時，席曼的姊姊正在和癌症搏鬥，病情突然急轉直下。她是前執行長吉姆．湯普森的前妻（吉姆仍是艾科的大股東），兒子也是艾科的重要管理者克里斯．湯普森（Chris Thompson）。幸好，艾科有個非常能幹的財務長喬治．福布斯（George Forbes），席曼處理家族危機時，福布斯讓交易流程持續地進行。

交易預定在二〇〇七年九月十日簽約完成，當天清晨五點，席曼的姊姊與世長辭，席曼打電話給波威的執行長麥克．麥里蘭（Michael McLelland），麥里蘭告訴他慢慢來。席曼說：「他告訴我：『你們放心去處理吧，我們一直在這裡，不會跑的。』」所以交易比預期晚了幾天完成，交易的金額是每股三四〇美元，比艾科當初的估價高出許多。

從財務觀點來看，這對所有的員工兼股東來說是非常有利的交易，他們不僅保住了工作，還獲得不錯的價碼。不過，成交當時，席曼還不知道自己有多幸運。現在我們知道後來那幾年美國經濟低迷，我們可以肯定地說，當時艾科要是沒賣給波威，那些員工兼股東必須再等很久，才有可能再遇到那麼好的機會，而且那也要假設艾科不會遇到任何災難——這點沒人敢肯定。

對內：提早預告退場，但要管理公布後的流言

值得注意的是，席曼和多數業主不一樣，他不擔心讓員工知道公司出售的消息，員工早就知道出售案正在進行了。六個月前，公司送出簡介時，席曼就召開全體員工會議，告訴大家這個消息。由於艾科一向採取公開帳目管理，員工對公司的財務都很熟悉，席曼可以詳細解釋為什麼管理團隊覺得當時是測試市場的最佳時機。

大家都知道公司的股價根據最近的評價是一百美元左右，他們大都知道評價和市價的差別。席曼告訴他們市價可能高達一股三百元，如果公司無法至少賣到那個底價，就不會出售。ESOP的所有成員都知道自己持有多少股份，可以輕易算出公司出售對自己的影響。席曼提醒那些股份尚未到手（vested）的員工，公司一旦出售，那些股份就會立即兌現。

席曼說，員工的反應大致上都很正面，「大家提出許多問題，他們主要擔心的是競爭對手買下我們，接著關閉或遷移公司。我說：『我們必須有信心相信，願意出那種價格買下艾科的買家，不會想要摧毀艾科，而是想把艾科經營得更好。如果他們的意圖是摧毀艾科，實在沒必要花那麼多錢。』大家了解那個邏輯，所以都很支持。」

隨著出售流程的進行，席曼持續在每月的定期會議中向員工報告最新進度。平常，管理團隊會特別注意一些傳言。只要聽到傳言，他們就會做出回應，他們的做法通常是把相關人士找來，請他們說明疑慮。席曼也成立了一個員工代表小組，由每個部門派代表參加，席曼每兩週和他們開會一次，以回答他們的問題或是他們耳聞的其他問題。

由於他們花了很多心思讓員工了解狀況，交易終於底定時，並未出現戲劇性的反應。席曼坦言，最後出價要是低於每股三百美元，可能就不會那麼順利了。「假設一股是二九〇美元，有些ESOP成員可能會說：『我要更多錢。』我可能會在我對ESOP與其他員工的義務，以及我該如何為自己著想之間左右為難許久。幸好，最後的價格高出底價許多，我們該怎麼做，毫無疑慮。」

事實上，有上百位ESOP成員（美國員工共二百五十人）從這次交易中獲得了十萬美元以上。

出售後的那一年

公司剛出售時，席曼是公司裡唯一工作內容大幅改變的人，有些方面他很喜歡，有些方面他不太喜歡。他喜歡工作裡多了做收購案的機會，前五個月，他協商了兩個案子，都在二〇〇八年二月成交。五月，他又開始尋找收購對象，這次的目標是可以讓艾科跨足所謂「紅藍市場」（red-and-blue market）的公司，亦即北美警車市場。一家潛在收購對象回絕了艾科後，席曼又安排收購另一家公司，並於二〇〇八年十二月三十一日成交。

相較於做收購案，製作波威要求的詳盡財報是比較煩人的部分。艾科向來很小心預估及追蹤財務數字，但是他們提供的資訊還達不到波威要求的詳盡程度。二〇〇七年九月公司成交以後，席曼馬上面臨二〇〇八年預算編列的煎熬，他說：「那個過程實在太痛苦了。」

再加上當時經濟陷入大衰退，艾科的代工客戶（OEM）都削減訂單至少五〇%，艾科的第二大客戶開拓重工（Caterpillar）訂單大砍七〇%。四月，席曼迫於無奈，在公司創業三十六年後，首度大幅裁員一五%以上。有些遭到裁員的員工感到不滿，把裁員怪罪到所有權易主上，其中一人說：「以前的艾科會以截然不同的方式，因應裁員之前的資訊和建議，也會關心員工。新的艾科—

波威連一點跡象都不透露，就在某個週一早上直接把各部門員工找進會議室，遞給他們資遣文件。」

席曼不否認艾科的文化在公司出售以後稍有變動，但他堅稱公司要是沒賣給波威，他其實必須裁減更多人。他也認為他的處理方式跟以前沒什麼兩樣。他說，裁員進行得很迅速，沒引起多大的注意，是為了讓員工的恐懼降到最小。如果裁員延續好幾個月，那會對公司造成危險的衝擊，所以才一次迅速解決，長痛不如短痛。

另一個痛苦程度僅次於裁員的事情，是波威要求席曼經常報告營運狀況。席曼是波威投資的事業中，唯一沒有MBA學位及會計背景的執行長，他不習慣像老闆要求的那樣密切地追蹤數字。席曼說：「公司出售以前，預算變動一%不會引起任何關切。但是在波威的管理下，那需要做好幾小時、甚至好幾天的分析以解釋原因。」他不止一次告訴老闆，波威找別人來當艾科的執行長會比較滿意，但每次老闆都說服他繼續留任。

一位賣過公司的朋友建議席曼，至少留到波威把收購艾科的部分價金（約四百萬美元）從保管帳戶中釋出為止。那些錢要等所謂的「保證條款」（representations and warranties）解決以後才會釋出（那是每個買賣合約都有的條款*）。雖然那筆錢應該在二〇〇九年三月支付，但後來因為有些課題懸而未決，延宕了支付時間。雙方後來在八月終於達成協議，把剩餘的價金發給艾科的股東，包括ESOP的成員。

席曼過了一段時間才體認到那件事對他個人的影響。他老早就覺得他已經準備好離開公司了，他有足夠的資金投資在容易變現的標的上。家人可以靠那些投資報酬，永遠維持他們的生活方式。他甚至已經想好退休的數字，只不過他有好一陣子沒去想了。「我就只是埋著頭，做該做的事，突然間我抬起頭來，發現保管帳戶裡的錢已經釋出，當下我意識到：『嘿，我達到那個數字了！』」

不久之後，他接到老闆的電話，老闆告訴他下週會親自飛到波伊西市，開始進行二〇一〇年的規畫。老闆也提到一個敏感的議題，席曼說：「他認為我出差次數不夠多，希望我開始增加出差的時間，尤其是去視察我們位於英國和澳洲的公司。」席曼掛了電話以後，靜靜地思考他的未來。他覺得老闆說的很有道理，雖然他一年有六十五天不在家，但是公司確實需要他增加出差的時間。問題是他已經對出差失去熱情了，所以一小時後，他打電話給老闆，說他已經打定主意退休了。也許是他這次的語氣不一樣了，老闆並未慰留他。

二〇〇九年十月十五日，席曼卸下執掌二十幾年的艾科執行長一職。他說，他離開時既感到自豪，也感到鬆了一口氣。「我為自己完成的一切感到自豪，公司比以前更壯大，而且託付給有能力的人。」鬆一口氣是因為他知道他對夥伴毫無虧欠，現在事業是別人的責任了。

---

*合約裡具體說明賣家「保證條款」的條文，往往稱為「存續條款」（survival clause）。合約內加入這個條款，有充分的理由。它寫明賣方針對影響公司價值的多項因素（影響要等成交後才會知道），而給予及未給予買方的保證。換句話說，那點出評價的潛在風險，並寫明由誰負責什麼。該條款寫明了保證的效用期，可視為某種法定時效。

許多人創業是靠親友資助起家，對投資人該怎麼交代？

業主對員工的應負責任可能是一種個人選擇，但是業主對投資人的責任通常很明確。當你拿別人的錢來建立自己的事業時，你就是在承諾你會讓他們獲得良好的投資報酬——這個承諾通常是清楚明白的，有時可能是未直接言明的。如果那筆錢是貸款的形式，你除了還錢，還要加付雙方同意的利息。股權投資則不同，因為萬一事業失敗，股權會一文不值，有時即使事業成功，這些股份也沒有價值（參見第三章尼曼的例子）。股權投資人承擔的風險較大，所以他們賦予你更多的信任，相信你不會虧待他們。這些信任也帶來了責任，對於向親友募款創業的人來說，這種責任最為沉重。

我認識的創業者中，蓋瑞．賀許堡（Gary Hirshberg）在這方面承受的人情負擔比其他人還要沉重。一九八三年，賀許堡和山繆．凱門（Samuel Kaymen）一起創立以有機優格聞名的石原農場（Stonyfield Farm）。二〇〇〇年代初期，他把多數股權賣給達能集團（Groupe Danone）時，公司共有二九七位股東，其中約有一百位是在公司營運過程中獲得配股的員工，其他的則是個別投資人，包括親朋好友。公司成立後有近十年的時間年年虧損，這些親友讓石原農場在草創初期得以持續支撐下去。有些投資人在投資一段時間後需要現金，便向賀許堡提出變現的要求，他會去找人來買下那些股份。

石原農場之所以會有那麼多股東，是無心插柳的結果。事實上，公司的創立純屬偶然。凱門在新罕布夏州經營一個501(C)3的非營利組織*，名叫鄉村教育中心（Rural Education Center）。賀許堡是鱈魚岬（Cape Cod）另一個環保非營利組織的執行長，他也是凱門那個教育中心的董事。董事開會討論如何為教育中心募款時，常吃凱門家自製的美味優格。某天一位董事說：「我們何不來賣凱門家的優格呢？」所以一九八三年四月，凱門開始賣起了優格。六月，賀許堡答應全職加入他的優格事業，但他需要先把自己的瑣事處理完。九月，他終於加入凱門的事業，他在新辦公室裡發現一大疊未拆的信件。他的第一項任務是拆開那些郵件，把帳單和支票分開來——他原本是那樣想的。但他很快就發現，裡面根本沒有支票，都是等著付費的帳單，總共約七萬五千美元。

「換句話說，我才上班四個小時，我們就破產了。」他說：「所以我做了每個有骨氣的創業者都幹過的事：打電話給我媽，跟她借了三萬美元，然後我和親友一起努力湊足了其他的錢。」他持續那樣做，而且，持續了十八年之久。

出資者也需要退場：石原農場的範例

一開始他從來沒想過他需要為那些出資者提供退場的機會，「我們只想要資助我們的農場學

*譯註：501(C)3是美國稅法的一項條款，規範多種可享聯邦所得稅減免的非營利組織。

校，那時我根本連退場是什麼都不知道，對資產負債表幾乎一無所知。」一九八四年，他聽一位富人的理財顧問提起，才知道那個概念。當時賀許堡第一次做私募，向一群投資人募集了二十萬美元。投資人的理財顧問當然想知道他的客戶以後如何拿回投資，「我一直沒有回答他，總是避重就輕，後來他就不再問了。那成了我一貫的募資方式，一九八六年我又募到五十萬美元，一九八九到一九九〇年間我又募了兩百三十萬美元。我忙著為需要變現的人找退出的方式，但是那幾年我從未白紙黑字寫下我有義務提供任何人退出的管道。」

這不表示賀許堡不知道他對投資人有責任，但是由於他沒有對任一個投資人承諾，他可以自由地投入他覺得對所有投資人最有利的事。「這是非常重要的一點。」他說：「我對所有的人負責，不是只對單一個人負責，所以沒有人能控制我，我從來不需要放棄自主權，也因此其他的一切才有可能實現。」

但是千萬別低估運氣的重要，賀許堡坦言，他不是刻意迴避那些逼他提出退場計畫的投資人。「一九八七年到一九九〇年，我們每週都虧損兩萬五千美元，我必須募資來填補虧損。我沒有閃躲投資法人，而是他們不願投資我。他們看我們的狀況，看到我們在優格產業，那根本稱不上是一個產業，而且我們又是做有機優格，他們覺得那實在太奇怪、太危險了。」

你可能很納悶，他究竟是從哪裡募到那些資金的？而且那九年虧損期間，石原農場連撐不撐得下去都很有問題，但他估計那九年他總共募到一千萬美元。雖然最後的股東數是二九七人，但賀許堡估計他接觸過的潛在投資人有上千人。他的家人投入的自有資金也有幫助，「別忘了，第一個投資人是我媽，那不是偶然。當我們把親友都拉進來——尤其是我媽，而且我連岳母也拉下水了——那會引來某種程度的關注，我顯然覺得我有義務讓他們獲得報償。其他的投資人也很清楚我母親和岳母都投資了，所以大家都相信我會好好照顧股東。」

投資人知道賀許堡的母親和岳母都投資了，可能會因此更有信心，但是那對他的妻子梅格・卡多・賀許堡（Meg Cadoux Hirshberg）來說則有反效果。梅格以坦率犀利的筆觸，把她的經驗寫在精采的著作《創業者眷屬的求生指南》（*For Better or For Work*）中。她很清楚草創時期石原農場的財務狀況有多慘。

她寫道：「我整個胃都糾結在一起。板著臭臉的債權人、堆積如山的債務、步步逼近的破產危機，逼得你無處可逃。」為了勉強營運下去，甚至為了付出薪水，賀許堡非常依賴岳母桃樂絲的金援，到最後岳母成了公司的第三大股東（僅次於兩個創辦人），投資了一百多萬美元，而且可能永遠也拿不回來。

梅格越來越心疼她母親所承擔的風險，每次賀許堡又向岳母尋求資助時，梅格都會懇求母親不要答應，但她母親還是把錢投進去了，桃樂絲總是說：「梅格，我已經是大人了，我知道我在做什麼，總有一天會成功的。」那樣說只是讓梅格更擔心而已。「我心想，他們兩個都瘋了，我最愛的兩個人都是瘋子。我覺得我的家人就像金融門外漢（她的兄弟也都投資了），任憑賀許堡和我把他們帶往萬劫不復的深淵。」

當然，一九九二年石原農場終於達到損益兩平以後，公司的前景就明顯改善了。那時公司的營收約有一千萬美元，一些早期投資人來找賀許堡要求變現。很多人是在孩子還小的時候投資五千美元，如今孩子都要上大學了。他們的股權價值遠比以前還高，同時他們剛好也需要用錢。賀許堡的原則是，他會負責幫想要變現的股東尋找退出方式。他說：「那可能是我早期做過最精明的事。每年十一月，我都會寫信給股東，告訴他們：『如果你想在明年退出，請讓我知道。』」

自己撮合股權交易很累，但可以篩選你要的投資人

「我覺得那是最好的做法。首先，那有很好的公關效果，因為你等於是告訴股東，你關心他們的利益，如果他們真的需要變現，你可以幫他們達成。第二，你可以趁機淘汰不好的股東，我常說，我最不喜歡那種老是要求變現的股東。淘汰那些人，藉此找進新股東或減資以後，你也幫自己省去面對他們的壓力。」

為了履行承諾，賀許堡會自己負責撮合股權的買家和賣家。他開始參加矽谷的 Hambrecht & Quist、波士頓的 Adams, Harkness & Hill 等投資銀行所舉行的金融會議，在會中尋找願意收購零星股權的買家，同時也讓投資社群注意到石原農場的存在。他說：「那是另一個好處。參加那些會議

不僅對我有很大的學習效果，對股東有幫助，也可以讓更多人對石原農場感興趣。」他一找到願意投資的買家，就把他介紹給想要變現的賣家，讓他們自己去談條件，他不需要介入。由於交易量還不小，價格通常是由市場決定。

後來交易的流程逐漸改變，「我們的規模變大了以後，交易的金額也越來越大。」賀許堡說：「我們的股東從投資五千美元，變成投資五十萬美元或甚至更多。當然，這些投資人也比較老練，所以我開始應付越來越多的律師，他們的要求越來越多。由於我們的績效不錯，又是大家想要投資的標的，所以我們通常可以要求投資人接受我們的方式。我不會跟別人推薦我們這種模式，因為太累人了。但如果你能避開投資法人，或避免勉強接受你覺得不妥的事情，你就可以建立自己想要的退場條件，不必看別人臉色。」

石原農場的新一輪投資人當中，有一些是專業的基金經理人，其中一位經理人甚至帶來了一群海外投資人的龐大資金。「他拿了一張列滿各種細節的投資意向書給我，但那時我已經不需要讓步了。他覺得我實在太難搞，我連董事的席次都不給他。不過，我確實邀他來參加董事會，沒想到那樣做的效果很好，因為他覺得自己沒受到忽視。他對於我們出售事業有很多意見，到最後幾位董事都覺得他很煩，問我真的要讓他繼續參與董事會嗎，因為他老是吵同樣的議題。但我覺得還好，因為他吵他的，我沒有義務做任何事情。」

那是因為除了凱門、賀許堡、梅格的母親以外，其他股東的持股比例都很小，那位基金經理人的投票權僅七%左右。賀許堡的持股約二〇%，他和凱門很早以前就不再是大股東了，後來連續經過幾次災難，他們的持股比例因股權稀釋而降至十幾趴，他們因此要求配股權，以便回補持股比例。他們和梅格的母親桃樂絲・卡多（Doris Cadoux）有表決控制權。

不過，即使賀許堡沒有義務做任何事，他確實想盡早為投資人尋找變現的方式。越來越多的投資人來找他要求把持股變現，到了一九九〇年代中期，每年易手的股權價值高達一百萬美元，交易次數有十到十五次。他自己約有七成的時間都花在撮合買賣方及處理交易上，他也希望以後別再忙這些事情了。

即使他沒在撮合交易，他也一直想到有近三百位股東等著最終的變現機制，相信他會幫他們找到不錯的交易條件。其中有很多人是他覺得虧欠最多人情的對象，包括他的母親、岳母、眾多親屬，還有共同創辦人凱門（即將滿七十歲、想要退休）、酪農（早年答應石原農場以五千美元的股權抵付牛奶費用）、乳品設備的銷售商（在石原農場營運困難時，願意接受股權抵付帳款），以及一家公關公司的老闆（也是接受股權抵帳）。

所以一九九八年賀許堡開始積極地探索出售選項，他因此接觸到每種選項的潛在風險，這也帶出了圓滿退場的下一個條件：了解買家。

第8章

萬一，小豬遇上大野狼……

搞清楚人家為什麼要買你的公司

石原農場的董事長兼共同創辦人賀許堡表示：「無論你知不知道，你在企業裡做的一切，都是在為比賽的尾聲預作準備。很多業主不曉得，是因為一心只想著企業的生存。」

他比誰都更清楚這一點。一九九八年，他開始為二九七位股東尋找變現方式時，他之所以還能掌握自己的命運，純粹是因為運氣好。一九八〇年代的石原農場始終處在破產邊緣，那時他無法獲得專業投資人的資金，因此有許多自由可以決定哪種選項對股東、公司以及他自己最好。

賀許堡很早就認為他遲早會步上朋友班．柯恩（Ben Cohen）和傑瑞．葛林菲爾德（Jerry Greenfield）的腳步。他們倆在佛蒙特州成立冰淇淋公司班傑瑞（Ben & Jerry's Homemade），公司才創立六年就公開上市。賀許堡認為行動的時機到了，開始做公開上市的初步準備，並成立股東委員會以監督流程，以及面試投資銀行。他後來選定Adams, Harkness & Hill投資銀行，正要簽約時，突然接到柯恩來電告知，班傑瑞成了公開上市公司醉爾斯冰淇淋（Dreyer's Grand Ice Cream）的惡意併購目標。

柯恩正努力尋找一群私人投資者來解救公司，以驅逐敵意收購者。賀許堡很樂於加入拯救班傑瑞公司的行列，但柯恩陷入的困境使他立刻打消了上市的念頭。「班傑瑞一收到醉爾斯的出價，就變成俎上肉了。柯恩已經無權選擇要不要出售，只能選擇怎麼出售。換句話說，他根本毫無談判的籌碼。」*

原來公開上市，就是出售公司

這件事讓賀許堡如夢初醒。「不知怎的，我從來沒想過公開上市等同於出售公司。我參加過許多投資銀行舉辦的會議，他們熱情地招待我們，讓我們備感尊榮。但從來沒有人說過：『公司上市時，你就是在賣公司。』我覺得很多人都沒意識到這一點，但我親眼看到班傑瑞對抗惡意併購有多費神。」

於是，賀許堡馬上改變方向，開始請投資銀行尋找買家，看有沒有公司願意收購石原農場並接受特定的條件（其中一個條件是讓他繼續掌管公司）。這種期待根本不切實際，賀許堡自己持股約二〇%，員工持股約五%，他打算讓其他的股東全部變現。所以那個條件等於是要求買方買下七五%的股權，還讓他繼續掌管公司。拉扎德投資銀行（Lazard Frères & Co.）的執行董事吉姆・高德（Jim Gold）說：「那是不可能的，但我很樂意幫你試試看。」

「那就靠你了！」賀許堡說。

賀許堡非常清楚他想要哪種收購者，「我想找可以帶來綜效的公司，讓我們變得更有效率。我們看得出來市場正朝著有機和自然的方向發展，我們也覺得那個市場會變得越來越競爭，越來越難經營。我們真的希望有公司可以幫我們強化配銷的能力、製造專業或其他的優勢，同時讓我們享有自主權。此外，我也想幫股東爭取到最高的價格。幸好，股東沒給我『公司非賣不可』的壓力。我跟柯恩不同的是，我多的是時間。有兩個專業投資者一直問我：『你要怎麼做？』但他們的持股比例很低，毫無影響力，就只是煩人精而已。我有董事會的充分支持，事實上，有些股東也看到班傑瑞面臨的狀況，他們不希望我也步上後塵。」

總部位於巴黎的全球乳品巨擘達能集團是高德找來的第一批潛在買家之一。賀許堡在拉扎德投資銀行的紐約辦公室見過達能的併購長。但是達能的出價太低，他連回應都省了，繼續找其他買

---

*關於「潛在買家一出價，班傑瑞就別無選擇，只能出售」的說法，有些分析師提出質疑（參見 Antony Page and Robert A. Katz, "The Truth About Ben & Jerry's," *Stanford Social Innovation Review*, Fall 2012）。即便如此，柯恩和班傑瑞的董事會確實認為，公司若不出售，必須面臨更麻煩的股東訴訟。

家。「從一九九八年到二〇〇一年，我和二十家左右的大企業談過。」他說：「市面上有做生鮮食品的大企業我都談過了，最後看起來好像應驗了高德當初的預言——我想要的條件不可能實現。」

但是二〇〇〇年秋季達能集團再次聯繫高德，詢問賀許堡是否願意重新考慮。高德回應，達能集團之前的出價太低，而且賀許堡只有在繼續掌握公司又不受母公司的干預下才願意交易。沒想到賀許堡的條件並未嚇跑達能，而且跟達能的董事長兼執行長法蘭克．里布（Franck Riboud）的想法一樣。里布很清楚他的公司在有機優格方面沒有經驗，也不了解這一行。他覺得達能集團有很多東西需要跟美國人學習，如果達能想從這個收購案中獲得里布想要的東西，賀許堡就必須留下來經營石原農場。只要賀許堡留下來繼續經營，達能願意出更高價來收購石原農場。

「娶親」條件談了一整年，因為沒有前例可循

於是，雙方開始積極地協商。一如既往，魔鬼總是藏在細節裡。他們花了整整一年才談定交易條件。這段期間出現了數百個問題：萬一賀許堡基於某些原因，無法繼續經營下去怎麼辦？萬一石原農場的績效達不到預期呢？萬一達能跨足的事業和石原農場的經營理念相牴觸怎麼辦，例如有毒廢棄物？萬一百事公司（PepsiCo）、菸商菲利普莫里斯（Philip Morris）的母公司奧馳亞（Altria），或是可能破壞石原農場可信度的公司收購達能怎麼辦？……

當然，還有公司治理、股權、接班等基本議題。如何保留石原農場的自主權，同時保護達能股東的利益呢？賀許堡和他的經理人將持有達能的股權嗎？還是繼續持有石原農場的股權？如果是繼續持有石原農場的股權，他們會得到股利嗎？如果會，那又是怎麼決定？兩家公司的協議有效期是多久？協議終止時會發生什麼情況？如何修改協議？賀許堡的繼任者如何挑選？諸如此類的問題，簡直沒完沒了。

雙方逐一談論議題時，賀許堡有幾度覺得，他們不太可能把一切議題搞定，有好幾次他忍不住想要停止協商。他說他的律師史蒂芬．帕爾默（Stephen L. Palmer）和達能集團的協議負責人尼可拉斯．穆藍（Nicolas Moulin，當時的達能併購長）是讓整個流程持續下去的兩大功臣。

「穆藍實在是神通廣大。」賀許堡說：「我們後來變成朋友，但是當時我把他當成敵人。我後來才知道上頭已經交代他一定要成交，但我不知道，所以我拚了老命跟他協商。有時我會協商到受不了，對他說：『這行不通，我必須回家思考一切。』穆藍不僅機伶，而且天賦過人，他會說：『在你飛回家以前（我們在紐約協商），你要不要先出去散步一下，好好想一想，再回來看看我們是不是真的無法解決。』等我回來時，他已經把問題解決了，因為他是天才。那種情況至少發生了十次或二十次。」

交易條件這麼難談，問題出在他們的交易沒有範例可以參考，至少賀許堡、帕爾默、穆藍都不知道有類似的案例。很少私人企業的業主或大股東，有籌碼要求公司出售以後依然維持原來的自主性，而且也很少公開上市的巨擘願意賦予收購的對象那種自主權。這一切之所以能夠實現，完全是因為達能集團的執行長里布認為，這個交易對達能集團的未來非常重要，他決定非成交不可。雖然他全權交給穆藍去協商，但他一直密切追蹤著協議進度，並在關鍵時刻介入。

「有一次我真的打算放棄交易了。」賀許堡說：「我已經不想再談了。後來里布找我吃飯，他又說服我繼續談下去。我相信這很明顯，但我還是要說：要不是里布，要不是有最高層的支持，這個交易是不可能談得成的。這個個案不是併購部門的人努力說服高層做這個案子，而是高層直接說我們非做不可。」

條件保障雙方，還有一個兩年的試驗期

里布之所以決心做這筆交易，是因為他看出石原農場的商業模式和達能截然不同，而且石原農場的模式至少和達能的模式一樣好，甚至更好。達能是採用一般消費品公司的一貫模式：盡可能壓低商品成本、提高毛利，然後用毛利來猛打廣告，以觸及最廣的客群，吸引他們購買更多的產品，然後期待過程中能夠培養顧客的品牌忠誠度。

石原農場則是完全靠品質以及支持酪農的承諾來競爭，它的產品成本比達能高，毛利比達能低，所以沒有錢大打廣告，或是使用傳統的行銷工具來打造品牌。但是調查一再顯示，石原農場顧

客的品牌忠誠度遠比其他優格公司的顧客還高。賀許堡說：「我們的顧客到超市時，他們不是找優格，而是找石原農場。」更重要的是，石原農場的淨利和達能的多項業務一樣好，或甚至更好，所以里布亟欲了解石原農場的商業模式。

賀許堡還有其他的動機，「我是為了股東的利益在協商，但我也希望以後不必再煩惱股東的問題，可以專注把石原農場提升到另一個等級。雖然達能是跨國大企業，而且不是有機食品公司，但我相信我可以借力使力，善用他們的資產和優點來達成使命，同時保有獨立自主權。此外，我也希望能把我們的一些ＤＮＡ移植到達能裡，不止是有機的特質。很多有機公司只做到符合有機規定的低標，那樣無法培養出信任與可靠。我們的真實可靠深植在ＤＮＡ裡，完全是透明的。消費者信任我們，但我們每一天都必須努力爭取那種信任，我從來不會把顧客的信任視為理所當然。」

二〇〇一年秋季，石原農場和達能終於達成協議。那個協議並不簡單，光是買賣協議書就有好幾吋厚，並附帶一長串的相互義務和假設情境。在雙方同意的條件下，石原農場依舊是獨立的實體，達能以一．二五億美元向外部股東買下七五％的石原農場股權。賀許堡說：「他們給我們最高的乘數，我不能透露是多少，但相信我，那是當時所有交易中最好的了。所以我對股東問心無愧，我知道我沒有虧待他們。」

賀許堡、旗下的經理和員工保留了二五％的股權，但董事會的五席中，他可以掌控三席。達能則獲得三種否決權：取消不想做的併購案、否決超過一百萬美元的資本支出、推翻逾越某些協定參數的預算。後來證實第二項否決權最重要，但賀許堡當時並未意識到那點的重要性。石原農場的年營收是八千五百萬美元，不曾有過超出一百萬美元的資本支出。不過，公司出售幾年後，賀許堡幾乎每項資本支出都需要尋求達能的批准，達能通常都會批准。

除了否決權以外，達能也想到，萬一賀許堡無法持續提升石原農場的營收，他們也需要獲得一些保障。所以雙方為此想出了一套公式，以決定在合約期間（二〇一六年到期，之後會持續更新）石原農場每年至少要達到多高的成長率。賀許堡必須達到那個低標，才能繼續保有董事會的多數控制權。

相對的，萬一出現賀許堡無法掌控的狀況，導致石原農場的營收受到重創（例如隔壁機場的飛機墜毀在他的工廠上），賀許堡也希望自己能獲得一些保障。他們後來協定，除非公司連續兩年業績不好，否則他不會失去公司的多數控制權。萬一公司某年的業績不好，隔年衡量營收的改善時，是以低點為基期，而不是以前一年為比較基準。

此外，交易是分兩階段進行。在第一階段，達能買下石原農場的四〇%股權，那些股權將放在保管帳戶中。接著，達能有兩年的時間去做十幾件事，例如把石原農場納入大型食品服務合約中、協助石原農場製造等等。之後，賀許堡再決定他是否滿意達能履行承諾的結果。滿意的話，達能就可以買走剩下的外部股東股權。萬一不滿意，達能只能繼續當小股東，合約就此失效。

互許終身之前，最好先交往一陣子

賀許堡說，為了顧及他對顧客的承諾，他需要一段試驗期。「我知道很多天然食品的消費者會對這宗交易案抱持懷疑的態度，他們可能會以為我出賣了良心。兩年的試驗期可以讓我更有把握地判斷是否應該完成交易，以及何時完成交易。這麼做對我也很有利，因為我當時還不太信任他們。我不熟悉他們，我也不覺得我們每個面向都考慮到了。我有一些朋友是精明的企業家，他們告訴我，這種交易絕對行不通。但是那兩年試驗期給了我信心，達能獲得了我的信賴。我想，**這個交易給我的啟示是：互許終身之前，要先交往一陣子。**」

交易十三年後，賀許堡毫無遺憾。石原農場的營收逼近四億美元，他們與達能的關係比以前更深厚，他正在規畫自己的退場計畫。二〇一二年一月，他已經卸下執行長一職，變成董事長，但他最初的繼任者沃特．弗里茲（Walt Freese）並未順利接班，不到一年，賀許堡就請他離職了。隨後，他又找來第二個接班人艾斯提夫．托倫斯（Esteve Torrens）。托倫斯是達能集團的高階管理者，之前曾擔任石原農場歐洲分公司的總經理，接著又擔任石原農場的行銷副總裁，所以賀許堡很了解他，他說：「我學到一點，你在指定某人當你的接班人以前，先有共事經驗很重要。」

賀許堡回顧當初公司出售以前，他做對了哪些事。「最簡單的啟示是：『你不要求，絕對拿不到。』這聽起來很老套、很基本，但是我真的遇到那種狀況好幾次。這很諷刺，因為企業家其實很擅長提出要求，但多數人會受到個人認知的局限，自以為不可行就不要求了，那實在很可惜，因為你沒必要自我設限。如果說石原農場那筆交易能證明什麼，那應該是：當雙方真心想在一起時，任何事情都有可能實現。」

那確實是這個個案給我們的啟示，但還有另一個啟示也一樣重要：賀許堡在協議時，不覺得任何東西是理所當然的，也沒有被花言巧語或金錢所惑，而忘了找出達能確切想從收購案中獲得什麼。即使雙方已達成共識，他依然堅持要有試驗期，以防萬一。

當然，運氣也很重要。運氣永遠是關鍵要素。賀許堡很幸運能獲得里布的支持以及遇到穆藍那樣的協議夥伴。但運氣好從來不保證成功，關鍵在於獲得高「運氣報酬率」（return on luck，借用柯林斯的說法）的能力。賀許堡就像達能對石原農場那樣，也對達能做了一樣細膩的實質審查，所以運氣報酬率才會那麼高。

追求者的動機，賣方自己要機警

我很訝異，很多業主竟然從未深入探究，潛在收購者想要擁有一家待價而沽的出售公司，是為了什麼？我想那是因為他們太專注於自己能從出售中獲得什麼。這是人之常情，買賣的動態通常也會鼓勵那種思維：你尋找買家，然後收到出價，評估他們的資格，挑選你最喜歡的對象，竭盡所能地避免對方在實質審查時殺價——你的一切精力，全放在使案子成交上。

你可能忽略了潛在買家也是處於「銷售模式」。他們也在銷售自己的可信度、善意、未來遠景、彼此的契合度、對人才的重視等等。很多買家無疑在這些方面都是真心誠意的，但業主在出售事業後，覺得自己遭到誤導或甚至欺騙的情況也不少，他們可能都有充分的理由，例如買家並未履行當初的承諾，或是忽略了合約義務。不過，那通常為時已晚，因為業主的權力通常在交易結束後就消失了。

有圓滿退場經驗的業主會設法避免這種討厭的意外，這有一定程度是取決於事先判斷買家的動機，以及買家在收購公司後可能做什麼。有些人是等交易完成後，才從經驗中記取慘痛的教訓，巴比．馬丁（Bobby Martin）就是如此。

馬丁大學畢業後到眾國銀行（NationsBank，後來的美國銀行）當業務員，他在那裡得到創業的點子。身為北卡羅來納州威明頓（Wilmington）的企業金融業務員，他造訪當地的企業，推銷各種銀行商品和服務。他推銷的對象涵蓋各行各業，規模有大有小，小至五人，大至幾百人的企業都有。平日，他可能是去造訪射出成型公司、連鎖餐廳、暖通空調服務商等等。他發現他越了解潛在客戶的產業，越容易說服這些企業使用銀行的商品。

所以他開始養成每次拜訪客戶以前，先深入研究產業的習慣，並帶著研究時所學到的五到十個問題去拜訪客戶。他說：「假設我去拜訪塑膠製造商，我可能發現過去一年間樹脂和其他原料的價格漲了二五％，我去拜訪客戶時，會對他們的總裁說：『我知道過去一年樹脂的價格漲了二五％，這對你們的營運資金有什麼影響？』或者我會問：『那對你們借貸的信用額度有什麼影響？』總裁可能會回答：『你怎麼會對這種事情知道那麼多？』其他銀行的業務員去拜訪他們時，可能只會聊天氣、體育賽事之類的。

馬丁則是對潛在客戶的資深經理做比較正式的簡報，他會在PowerPoint上列出該產業的公司所面臨的挑戰，根據那些挑戰調整他的推銷辭令。他的競爭對手沒有那種資訊，只能籠統地提到銀行可提供客戶什麼服務。

馬丁這種銷售技巧效果極好，大幅增加了他拉進的客戶數。「但我有強烈的創業欲望。」他說：「我常公開質疑銀行的政策，不是因為那些政策很糟，而是因為那是我的本性。」不久，他就開始思考如何把他做的事情變成一番事業。他發現他的推銷方法不僅對其他銀行很有效，只要是鎖定企業戶推銷商品的公司，不分產業，都可以使用那種方法，只要針對產業調整一下就行了。一九九九年，他辭去眾國銀行的工作，開始思考創業企畫書，他把公司命名為第一研究（First Research）。那是專為業務員提供最新產業報告的訂閱式服務。

馬丁知道他會花大部分的時間推銷服務，所以需要一個合夥人來做研究及準備報告。理想的合作夥伴是已經提供產業資訊給顧客的業者，但是他聯絡那些業者，大家都沒有興趣合作。不過，一位波士頓的潛在夥伴給了他一串也許可以幫助他的名單，其中一人叫英戈·文薩（Ingo Winzer）。

文薩在麻州的衛斯理（Wellesley）成立本地市場追蹤公司（Local Market Monitor），專門分析美國各地的房地產市場，馬丁決定打電話給他。

「那是我這輩子打過最幸運的電話。」馬丁說：「因為他人很好，又非常聰明，懂得以非常簡潔扼要又精確的方式彙整產業資訊，而且很出名。」文薩撰寫過許多文章，是《華爾街日報》、《巴倫週刊》（*Barron's*）等報章雜誌上常引用的房地產權威。

馬丁邀他以共同創辦人的身分加入第一研究公司，擔任執行副總兼研究長，並負責撰寫最初三十份報告，馬丁願意分他三五%的公司股權，文薩答應了。馬丁說：「我們花了六個月到一年的時間寫了三十篇報告，然後我就拿著那些報告四處推銷了。」

第一研究就像多數新創企業一樣，一開始亟需現金。他們倆對任何生意都來者不拒，不管內容是否和創業初衷有關。只要文薩做得出來，馬丁就能銷售，於是公司的金流逐漸改善。馬丁和文薩一開始並未支薪，二〇〇〇年三月，他們以多餘的錢找進另一位合夥人。那是馬丁以前在眾國銀行的同事威爾·布勞利（Wil Brawley），他們分給他一〇%的股權。「那是我做過第二聰明的事。」馬丁說：「最聰明的事是和文薩合夥。」他和布勞利以前都是銀行的業務員，所以他們推銷服務給銀行時，成效特別好。後續兩年，他們把心力鎖定在金融業。

公司蓬勃時沒想過退場，所以只想到「聘金」

成功的新創企業是活力最蓬勃的事業。二〇〇〇年代初期，隨著公司開始蓬勃發展，第一研究公司的每個人都樂在工作中，從未想過出售事業。「有人問我們有什麼退場策略，我和文薩及布勞利聽了只覺得好笑。」馬丁說：「我們覺得『創業只為了出售』是全世界最傻的事，我們根本沒想過退場策略，也不想退場。我們把心力全放在顧客和產品上，不想為其他的事情分心。」

雖然他們對退場毫無興趣，但他們無法完全忽視公司成長所引來的關注。二〇〇六年，第一研究公司約有四十名員工，年營收六百五十萬美元，業務員鎖定的客戶已從銀行拓展到其他產業，包括軟體和會計公司。不時有人會找上馬丁和合夥人，想要收購他們的事業。「所以我們大概知道公司有多少價值。」馬丁說：「但是如果公司持續成長，你又過得很快樂，毫無出售意願，你不會去想出售的事情，只會一心想要好好做下去，我們就是如此。」

那年夏天，馬丁代表第一研究去波士頓參展，負責照顧攤位。胡佛產業研究公司（Hoover's）的事業開發人員逛到了第一研究的攤位，她翻閱現場擺放的公司文件，並跟馬丁談了一下，對這家公司相當佩服，她說：「這很棒，很適合跟胡佛合併起來，我們應該收購你們。」

那個人回公司後，打電話給胡佛的總裁，說明第一研究公司的狀況。不久，馬丁就接到胡佛的母公司鄧白氏（Dun & Bradstreet）的事業開發部來電，說想要研究一下兩家公司合作的可能。接著，他們的總裁親自飛到第一研究位於羅里市（Raleigh）的總部，表面上的目的是想要延續之前的對話。馬丁說：「我很清楚他們想做什麼，總裁親自出馬不會只是來談合作。即便如此，我還是以合作的態度跟他們談，沒有出售事業的意願。不過，基本上萬物皆可賣，對吧？」

當有人說「萬物皆可賣」時，其實也是在說「只要出價高，顧慮皆可拋」，這也帶出了另一個問題：出價究竟要多高，才算夠高？馬丁曾和合夥人討論過這個問題，他們估摸如果有人出價達三千萬美元，他們可能不會拒絕。

不過，他們也不急著徵求出價。當時第一研究的狀況很好，他們也做得很開心。業績持續成長，營業利潤也很漂亮。馬丁坦承，員工人數逼近五十人時，管理人事變得越來越難，但他喜歡公司的文化。「我們這裡非常自由，自動自發，每個人都很有個性，年輕有勁，而且毫無離職率可言。我們給薪很大方，工作氣氛令人愉悅，每年全公司都會到很酷的地方旅遊，我們的座右銘之一是：『工作是為了生活，活著不是為了工作。』我們很堅持每週只工作四、五十個小時，我無法認同一週工作七十個小時，那根本毫無人生可言。」

不過，馬丁依然抱持「只要出價高，萬物皆可賣」的心態。當初胡佛的總裁來訪時，馬丁已經客氣地回絕了，但之後胡佛和鄧白氏仍持續說服他出售事業。最後，他們問馬丁，怎樣才有可能成交？他提出他的數字，於是雙方討論了起來，最後談定的價碼是兩千六百五十萬美元，成交時先付兩千兩百萬美元。

馬丁說，他有點擔心公司出售以後可能發生的情況，但由於那筆錢金額太大，錯過實在可惜。「坦白講，到最後價格成了一切的重點。」他說：「那筆錢為未來提供了彈性，對每個人來說也是不小的財富。那筆錢不是只有我、文薩及布勞利獨享，我們也為員工設置了遞延薪酬計畫（deferred compensation plan），讓他們隨著公司價值的增加而受惠，他們都獲得不錯的報償。」

忙到焦頭爛額，還得看心理醫師

意向書簽定後，開始進行實質審查。雖然那個過程不到三個月，但馬丁說壓力很大，部分原因在於他犯了業主退場時常見的錯誤：想要管理出售流程，同時繼續經營事業。他說：「他們一來就問了上萬個問題，所以我等於身兼兩個全職的工作，那也對我的家庭生活造成了很大的影響。」

當時他已婚，育有一子，還有一個孩子即將出生。「再加上我無法告訴員工，為什麼我老是跟一群西裝筆挺的人開會，這也帶給我很大的壓力。根據證管會的規定，一切過程必須保密，但我們的企業文化向來是開誠布公、透明化的。到最後，我的一舉一動顯然變得遮遮掩掩，一點也不坦蕩，但是礙於法規，我就是沒辦法做得光明磊落。」

二〇〇七年三月交易完成，但也充滿了波折。第一研究有很多客戶合約包含了「不可轉讓」條款，馬丁必須確保公司股權轉換後，客戶不會離開。「那真是累死人了，我必須跟客戶的法務部一起處理，過程既混亂又尷尬。」遞延薪酬計畫也造成另一種尷尬。交易完成那天，他必須告訴員工出售的消息，但是他們拿到那筆報酬以前，必須先簽一些文件，讓公司免責。接著，他們還必須先保密，直到鄧白氏的股東得知併購案為止。

不過，相較於公司出售後馬丁所經歷的一切，上述的壓力與尷尬都不算什麼。他記得公司出售後的那幾個月，他覺得痛苦到很想死，有生以來第一次看心理治療師。有一度醫生還要求他上跑步機做壓力測試，以確定他的心臟是否正常。如今回想起來，顯然馬丁沒有為出售公司所帶來的改變做好心理準備。那主要是因為出售之前，他從未仔細想過為什麼鄧白氏那麼想成交，以及胡佛和第一研究合併之後會出現什麼狀況。

例如，當初他沒想到，胡佛開始透過自己的銷售管道販售第一研究的商品時，會出現哪些錯綜複雜的狀況，業務人員的薪酬該怎麼計算？如果兩家公司的業務員都跑同一家客戶，那業績究竟要歸誰？兩家公司的業務團隊怎麼合作？那些問題其實都是可以預見的。釐清問題時，勢必會出現混亂，造成員工不滿，但馬丁事前都沒料到這些問題。所以，前員工的痛苦令他訝異，他也覺得過意不去，深感愧疚。

「感覺他們的世界整個天翻地覆。」他說：「一切都變了，現在是由新的管理高層管轄，我不再管事。他們告訴我公司合併以後所經歷的種種痛苦，我完全感同身受，為他們經歷的一切感受到無比的壓力。」

但是當初他要是洞悉鄧白氏的交易動機，這一切對他來說都不會是意外。畢竟，鄧白氏真正需要的不是第一研究的員工，甚至不是它的既有客群，而是智慧財產權——具體來說，鄧白氏要的是馬丁為了幫業務員向各行各業推銷而開發出來的系統。當然，鄧白氏也想要那些智慧財產權所帶來的金流，但是一旦智慧財產權轉移給胡佛，併入其商品組合後，他們就同時擁有會下金蛋的鵝及金蛋了，收購案就此大功告成。

馬丁在公司出售十五個月後離職。那時他已經不像公司剛出售時那麼痛苦，但他也覺得自己尚未恢復「正常」。所謂的「正常」，是指和前員工說話時感到同情，但不至於跟著痛苦（這時有八成的前員工不是離職，就是遭到資遣）。過了幾個月後，他才達到那個階段。

不過，他又過了更久，才真正搞清楚他是否後悔出售事業。在此同時，他擁有足夠的錢，這輩子再也不必工作了。他開始寫作，正在撰寫一本有關創業的書。他說他喜歡寫作的過程，但也熱愛打造東西的感覺。他覺得他可能想要再度創業，可能是成立非營利組織。他會想要再次打造像第一研究那樣的營利組織嗎？「我不知道，如果要再次經歷那種痛苦，我不知道我是否還會想要創業，也許第二次會更容易一些，因為我了解更多了。」

二〇一〇年，他創立另一個產業研究公司垂直智商（Vertical IQ），如今蓬勃發展，也雇用了幾位第一研究的前員工。

想要圓滿退場，知彼與知己一樣重要

賀許堡和馬丁顯然代表業主退場的兩種極端，他們出售事業時也抱持不同的目標。賀許堡希望公司出售後仍是獨立實體，有同樣的使命、員工和領導者。馬丁則是為了他難以放棄的價碼把公司賣了，但是他對員工未來命運的關切比他預期的還多。事後才知道這點，肯定是最糟的時候。

所以我們又回到第二章提到的重點：了解你的定位、想要什麼以及為什麼很重要，但是這裡多了一個重點：了解潛在收購者的定位、想要什麼以及為什麼也一樣重要。

如果你像賀許堡那樣，非常堅持公司出售以後一定要保留企業文化，他示範了一種不必公開上市、不必把股權賣給管理者或員工，不必交棒給家族成員的方法。他認為堅持使命感的公司可以仿效他的做法，但我們很難想像，買方若是沒有里布這樣的人主導一切，賀許堡的模式行不行得通。

總之，賀許堡的例子稱不上是典型，更多的業主比較偏向馬丁那一型，他們在乎公司出售後的員工和公司命運，但不在乎事業是否仍是他們掌控的獨立實體。他們想找企業文化相似的買家，最好有開明的心態，想要嘗試他們的最佳實務，也希望員工以後能夠快樂，買家能夠證實他們那套系統可行。有些業主確實如願以償了，維朗公司的創辦人帕加諾（第一章）就是一例。不過，更常見的情況是，業主以為找到合適的出售對象，事後卻大失所望。

傑夫・修尼克（Jeff Huenink）二十六歲，大學畢業才兩年就在佛羅里達州的坦帕市（Tampa）

創立美國日服公司（Sun Services of America Inc.）。一九八三年，他以十八萬美元，買下一家出租投幣洗衣機的小公司，創立了美國日服。兩年後，他又在同一產業裡收購另一家公司，他發現那家公司的營運比前業主想的還好（因為有人從洗衣機偷走很多硬幣），所以公司的價值比他的收購價還高，他買下那家公司六個月後就回本了。

那筆交易讓他學到，只要收購產業內那些價值被低估的小公司，然後改換經營策略，就能打造一家獲利良好的公司。所以往後的十五年間，他以這種方式壯大了美國日服公司。他積極參與產業協會（加入理事會，後來擔任會長），藉此培養了龐大的人脈，知道業界有哪些公司想要出售。每次有不錯的標的出現時，他就積極收購。在顛峰時期，日服公司的年營收有一千萬美元，卻只雇用了三十名員工，他們的生產力極高，非常有效率。每位員工的產值和營業利潤都遠高於業界平均值，他說：「我們以較少的資源，創造出較多的成果，開銷很低，績效很高，所以可以給員工很好的待遇。」

日服公司蓬勃發展了十幾年，但是到了一九九〇年代末期，修尼克開始思考退場。「這個產業已經非常成熟，我越做越氣餒，因為要找到好的收購對象越來越難了。」他說：「坦白講，我也不確定再過多久我們的技術就落伍了，所以我心想：『這個事業很好，我也很喜歡，但我想這樣過一輩子嗎？』」

追求時開的支票，娶到後未必會兌現

在此同時，股市非常蓬勃，像他這種收現金的事業，有穩定的重複性收入，是很有吸引力的投資標的。當時好的併購對象很難找到，因為收購者願意付的收購價高達 EBITDA 的十二倍。他說：「我心想，這可能是千載難逢的變現機會。」他想過幾種不同的方案，一種方法是和其他的洗衣機出租業者一起做產業整併，然後讓整併後的公司上市。另一種是把公司賣給有意收購的公司。他認為後者是最好的退場方案。

修尼克與兩家潛在的收購者洽談，最後選上位於麻州沃爾珊市（Waltham）的競爭對手麥灰公司（Mac-Gray）。一九九七年四月交易完成時，麥灰仍是私人企業，但是打算公開上市，那也是吸引修尼克的一點。收購價是一千四百萬美元，其中七百六十萬美元是以麥灰公司的股權計價。修尼克認為，麥灰公司上市時，他會因為股價增加而受惠。但是萬一麥灰始終維持私營，或上市後股價沒漲，他就虧大了。為求自保，他協議了一個賣權（put），讓他有權以某個議定的價格，把股權賣給麥灰公司。事實上，那等於是保證了其麥灰持股的底價。

但他說，他之所以選上麥灰公司，而不是另一家潛在收購者，最主要是兩家公司的文化相融。麥灰的文化不僅和日服公司相似，他們的管理高層也明確表示，他們想採用日服公司的方法和系統。日服公司的生產力和效率令他們讚嘆，每單位的生產成本只有麥灰的一半。修尼克很樂意幫他們做必要的改革，而且那樣做還可以提升麥灰的股價。

不過，修尼克很快就發現麥灰的管理高層不會落實改革，他也發現阻止他們的原因。「其實他們很難做到，因為他們必須先改變頭重腳輕的組織結構，以及整個薪酬制度和管理方式。他們的營運方式跟我們截然不同，我不會採用他們那種方法，但公司畢竟是他們的，他們比較喜歡自己的方式。那也無所謂，做生意本來就有很多方法。」

話雖如此，他對公司的管理方式還是難以認同，所以一九九八年十二月他決定出售所有的持股。那時麥灰已經上市，但股價低於他的賣權執行價。他還是決定執行賣權，他坦承那就像對麥灰「投下一個小型核武」。

修尼克後來發現他的經驗並非特例，「我聽到幾位出售或合併事業的朋友也提到同樣的情況。」他說：「出售公司以前，收購者都講得很好聽，說他們多麼喜歡你的營運方式，也想採用你的經營方式，但是後來從未發生。我想，那是因為你採用別人的做法，等於是承認別人比較好或比較聰明，一般人很難承認那種事。」

當投資人開始玩奧步，可以從利益分配找端倪

修尼克的例子顯示，你很難預知策略型收購者在併購你的公司後，可能對公司、文化和員工做

出哪些改變。一般來說，你越是在乎事後發生的狀況，事前就要更加小心謹慎。在絕大多數的情況下，策略型收購者的企業文化會主導一切，你的企業文化將會消失。至於前員工的命運，主要是看他們適應改變的能力而定——除非你事前已經做好安排，讓他們不受虧待。

至於財務型收購者呢？你可能以為他們的行為比較好預測，畢竟他們的利益有明確的定義。他們大都是拿別人的資金來投資，所以必須隨時惦記著讓客戶滿意的報酬率，想辦法把手中流動性不高的股權轉換成現金。你可以預期他們根據必要的指標來做決策，也強迫你照著做決策，即使決策對公司的長期營運不見得有利，他們也覺得無所謂。

要是買家的動機都那麼明確就好了。

科技業裡充斥著創業者以為他們了解投資人的動機、後來才驚覺自己遭到蒙蔽的故事。以我認識的某位軟體創業者為例（姑且稱她為瓊恩），二〇〇九年經濟開始陷入蕭條時，她突然和投資其事業的創投業者起衝突。以前他們的關係不錯，但後來創投業者指派一位資淺人員（姑且稱之為馬蒂）來當董事後，雙方的關係開始惡化。在董事會議上，馬蒂很不尊重瓊恩，態度近乎輕蔑，甚至刻意找碴。會議外，馬蒂也會挑撥瓊恩和員工的關係。連續數月，馬蒂竭盡所能地找瓊恩的麻煩，使她的日子多災多難。

最後一根稻草是馬蒂否決一樁可以大幅提升公司價值的收購案。他本來同意收購，卻在簽約那天變卦並阻攔簽約。瓊恩說：「那件事毀了我在市場上的聲譽。」瓊恩覺得她受夠了，去找馬蒂的老闆（那家創投公司的創辦人之一）。他們談好，只要滿足以下三個條件，創投業者就批准那個收購案。第一，瓊恩卸下董事長的職位，但可以暫時擔任執行長。第二，瓊恩有十八個月的時間去找其他的業者來收購她的公司。第三，十八個月後，創投業者要求瓊恩出售公司但她不肯的話，她必須卸下執行長的職位。

那次的協議讓瓊恩終於明白為什麼之前會出現那麼多問題，但並未完全解開她的疑惑。她說：「原來他們只是想要掌權，他們想要變現，但擔心我不肯出售公司。」但她還是不明白為什麼他們那麼急著出售公司，也不懂他們為什麼一直阻礙她改善公司（改善公司可以提高公司的價值，進而提高他們持股的股價）。

後來，朋友公司的投資者向她解釋，她才恍然大悟。那個朋友對投資者提起瓊恩遇到的問題，那位投資者回應：「去看分配。」他的意思是，出售公司的價金分配，會隨著收購者支付的價格而改變。

瓊恩請投資銀行幫她計算，出爐的數字她看一眼就完全明白了。創投業者投資她的公司時取得的是優先股，當公司的未來售價介於三千萬到八千萬之間時，他們可以分到固定的價金，其他的私募股權投資者也有類似的交易。至於普通股的股東（包括瓊恩），則是等優先股的股東分完了以後，才能分剩下的價金。不過，如果出售公司的總價金超過八千萬美元，優先股就會轉換為普通股，屆時總價金是按每個股東的持股數來分配。

所以從創投的觀點來看，公司出售的金額究竟是三千萬、八千萬或是介於這兩者中間的金額，其實沒有太大的差別，反正他們分到的都是固定金額。如果公司出售的金額高於八千萬，他們是可以分到更多沒錯，但數字的差距沒有拉開太大，對他們來說，花時間等候公司的價值提升到那個程度是划不來的，尤其延遲出售越久，可能面臨的風險越多。

瓊恩說：「那一刻我真是大夢初醒，如果我早點識破這點，就不會是這樣處理了。」

瓊恩也知道創投業者為什麼沒講清楚他們的立場，因為他們擁有一席董事，必須負起捍衛股東利益的受託責任。他們要是坦承真正的動機，可能會遭到控訴。瓊恩為了測試她的論點是否正確，刻意去探詢創投的共同創辦人。「我告訴他：『我終於看懂你們的把戲了。』我把我了解的算法解釋一遍，他只回了一句：『你算得沒錯。』」

兩種買家的啟示

私募股權投資者可能另懷鬼胎，而且其行為背後的理由往往難以一眼看穿。瓊恩不是第一個發現這個嚴苛事實的創業者，也不是第一個被迫接受這種殘酷手段的業主。事實上，相較於彼得斯（見第六章）出售奈瑟斯時所經歷的種種考驗，上述經驗還不算是最淒慘的。在矽谷，這種故事層出不窮。甚至還有一個網站 thefunded.com 專門用來評定這些投資團體，以及講述他們遇到這種投資人的經歷（通常是慘烈的經歷）。該網站的創辦人阿德奧・雷西（Adeo Ressi）是連續創業者，他接觸創投的經驗特別驚險。

另一方面，也有不少創投和私募股權集團為他們投資的公司增添很大的價值，使創業者獲得他們想要的退場模式。例如，貝比奈克（第三章）稱頌泛大西洋私募公司身為三網公司的大股東所帶來的價值，遠大於它所提供的資金。類似這樣的例子還有數千個。

不過，有時你確實需要深入探索，才能挖掘出財務型買家和投資者的真實動機。無論他們的行為在表面上有多不理性，背後通常都有合理的解釋。你越是能掌握他們行為背後的盤算，對你越有利。當然，最理想的狀況是在出售公司以前就先搞清楚。有一點是千真萬確的，千萬要記得：一旦接受私募股權的投資，幾乎就等於決定在七年內出售公司。

二〇〇九年，保羅・史皮格曼（Paul Spiegelman）開始考慮出售綠寶石保健公司（Beryl Health）的股權時，就面臨這種窘境。一九八五年他和兩位兄弟一起創立這家公司，他們在父親位於洛杉磯的律師事務所裡，從一間小會議室裡的一張折疊床開始做起。當時公司名稱叫緊急救援系統（Emergency Response Systems，簡稱ERS），主要是販售大哥馬克開發出來的裝置，以幫助醫院全天候追蹤高風險的病患。他們三兄弟輪流坐在警示螢幕旁邊，接聽緊急求救電話。史皮格曼說他們當年吃了很多披薩，看了很多電視節目。

一九八六年，公司的營運方向開始改變，一位在本地醫院任職的客戶想提供病患一個電話號碼，讓他們打電話轉診，到其他地方就醫。那位客戶知道史皮格曼有很多空閒的時間，所以詢問他們是否願意接聽這種電話，醫院願意每個月付他們三千美元。他們馬上把握機會，開始推出這種服務，這就是綠寶石保健中心的緣起。

企業文化是核心，當成長需要資金，該如何維繫？

起初，一切設備都很原始，「我們接到電話以後，就從通訊錄上唸出不同醫生的名字。」史皮格曼在著作《為什麼每個人都面帶微笑？》（*Why Is Everyone Smiling?*）裡寫道：「但我們馬上就看出，如果每家醫院想和它們的社群建立緊密的關係，終究都需要這種服務。」

一九九五年，三兄弟時來運轉。他們設法參與哥倫比亞／HCA（Columbia/HCA，如今稱為Hospital Corporation of America）所領導的專案，以開發一種全公司的顧客策略，包括轉診服務。由於哥倫比亞／HCA是全球最大的醫療設施營運商，這是非常龐大的商機，他們三兄弟卯足了全力，花了九個月規畫提案。儘管他們這種不知名的小公司獲選機率極低，他們還是獲得了合約和龐大的預算，可以在達拉斯地區打造一個超大的電話中心。

他們興奮極了。當時他們住在加州，事業仍在加州營運，但每週都會前往達拉斯，如此順利進行了兩年。一九九七年，哥倫比亞／HCA發生嚴重的計費醜聞，執行長瑞克．史考特（Rick

Scott）被迫下台。史考特是三兄弟的最大支持者，他們擔心他們在德州的事業也會跟著結束。沒想到HCA不僅讓他們保住合約，還讓他們以極低價（只有成本的一小部分）買下那個電話中心。這件事改變了一切，他們突然擁有一座最先進的電話中心，可以做為改善和擴大服務的平台。一九九九年，他們覺得整合達拉斯營運的時機到了，所以把公司改名為綠柱石（一種以反映多種顏色著稱的寶石）。

史皮格曼坦言，由於他們沒受過訓練，經驗很有限，只能土法煉鋼，從實務中慢慢摸索。這樣打造公司有一些好處，因為你不知道業界或專家的一般看法，你可能去做別人不曾嘗試的做法。過程中，你可能在無意間推出了創新發明，這就是他們想出高獲利商業模式的方式，他們因此成為美國外包病患溝通服務的頂尖業者。

綠柱石成功的核心在於「企業文化」——他們創造企業文化十幾年後，才得知這個詞彙。在他們心中，他們只是想維持一個友善、樂觀、家庭導向的環境，讓員工在努力工作及提供優質服務給顧客的同時，也能樂在其中。

他們的工作空間也有很大的幫助，一般的電話中心向來空間昏暗、沉悶乏味，裡面有好幾排客服人員窩在工作隔間裡接聽電話。拜哥倫比亞／HCA的大方所賜，綠柱石的設施完全不同，員工是在開放、寬敞、明亮的空間裡工作，有挑高的天花板和色彩明亮的牆壁，隨時都可能有幾串生日氣球飄在工作區上頭。如果你在裡面待得夠久，還會看到玩足球的小熊走過，或一群人扮成麥可・

傑克森，或穿著鬥牛士服裝和溜冰鞋的執行長。

保羅．史皮格曼雖是執行長，但他的弟弟貝瑞才是這種歡樂文化的代表（二〇〇〇年馬克離開綠柱石，另創事業）。他和顧客及員工培養了深厚的關係，所以二〇〇五年他因腦癌過世時，對公司帶來極大的震撼。大家早就知道他罹癌的消息，經過十七年的緩解期後，二〇〇三年腦癌突然再度復發，最後那三個月，全體員工更努力維持綠柱石的順利營運，讓保羅可以專心照顧弟弟及處理家人的需求。數十位員工極力協助史皮格曼兄弟，並向貝瑞致意，為他守夜祈禱，分享回憶及感言。

史皮格曼看到大家對胞弟的關愛相當感動，失去最親近的朋友兼知己雖然令他悲傷，但綠柱石員工的支持令他倍感窩心，也強化了他和貝瑞對事業的理念：員工第一。「看到別人因為你付出的關心而關心你，那種感覺是無價的。」他說：「他們就像我的大家庭。」

他也清楚意識到，現在只剩他一個創辦人，綠柱石的未來全落在他肩上，很多人依賴他做出正確的決定——不僅是公司裡的人，還有貝瑞的遺孀和孩子、馬克的家人，以及他自己的家人。其中一個重大決定是找進外部投資人，以提供成長所需的資金及一些變現力。

三隻小豬面對有錢的大野狼

二〇〇〇年初，很多投資人上門，他們覺得不勝其擾。史皮格曼說，那些巧言令色又志在必得的投資銀行業者不斷打電話來，讓他們覺得有點害怕，也感到難以招架，他後來寫道：「感覺像三隻小豬面對有錢的大野狼。」為了了解這些投資人，他後來答應坐下來和幾家潛在的收購者談談。談過以後，他深信他們不懂綠柱石為什麼那麼成功，所以無法提出值得考慮的出價。

不過，二〇〇九年初，找外部投資人的想法再次浮上檯面。當時國會正緊鑼密鼓地通過醫療保健法案，醫院面臨越來越多的法規壓力，必須改善病患的就醫經驗，史皮格曼因此看到綠柱石的未來充滿希望，但也有一些挑戰。這時綠柱石的年營收是三千萬美元，員工三百人，他們為全美各地的醫院接聽各種與病患有關的電話。公司若是加速成長，做幾個收購案，可以在未來五年內大幅擴張，變成市場上更舉足輕重的業者，比目前的規模大上五、六倍。相反的，如果公司不大幅投資科技和商品發展，業界領導者的地位可能會削弱。

綠柱石的管理高層亟欲把握這個機會，他們和史皮格曼都清楚看到了商機。兩年前，史皮格曼挑選了幾位有抱負且經驗豐富的人才，組成更強大的經營團隊，以便在經營上拓展版圖。他覺得他有義務給他們機會展現實力。

他想找外部投資人進來，也有私人的理由。首先，他覺得他放眼的事業前景需要經驗比他豐富的執行長，這樣的人才需要重金禮聘，他可能也需要協助才能找到合適的人選。為了騰出空間給執行長，他準備轉任董事長，讓自己有更多的時間去從事他感興趣的外部專案（包括他在我的支持下所成立的「小巨人社群」）。自從出書後，他更加相信，在營造良好的工作環境及以人為本的文化方面，他有一些寶貴的心得可以跟其他的創業者分享。

二〇〇九年春季，史皮格曼開始尋找投資銀行，也面試了多家投資公司，最後雀屏中選的是他熟識多年的耐瑟世健康資本公司（Nexus Health Capital），花了幾個月準備交易書。八月，他們寄出簡介，收到約二十份的初步出價，都是來自私募股權集團，其中有十二家出席了五小時的管理簡報。「我以前從未接觸過這種流程。」史皮格曼說：「所以當我得知我必須根據五小時的會議，從裡面挑選一家做為事業夥伴時，我很震驚。我說：『我做不到，我需要更了解他們才行。』」他們從十二家裡面挑了五家做進一步的討論，史皮格曼對每一家都提出同樣的問題：「你們除了挹注資金以外，還能提供我們什麼？」

有一家公司顯得與眾不同：芝加哥的斐瑟彭私募股權公司（Flexpoint Ford）。斐瑟彭專注於醫療保健與金融服務業的投資，其合夥人似乎對於能和綠柱石合作相當興奮。他們清楚表示他們很欣賞綠柱石的文化，並讚賞企業文化對公司優良績效的影響——尤其是綠柱石的收費高出競爭對手四〇%的能耐。

不過，真正讓斐瑟彭脫穎而出的原因，是他們推出的執行長人選有漂亮的履歷。潘・朴爾（Pam Pure）是經驗豐富的高階管理者，之前在醫療保健業的巨擘麥克森（McKesson）擔任麥克森供應科技公司（McKesson Provider Technologies）的總裁，七年內使公司的營收從九億美元變成三十億美元，盈餘也從五・八%提升至一〇・七%。現在朴爾正在找一個可以善用其管理技能的優良事業，綠柱石看起來是很理想的對象。她喜歡綠柱石的人、文化及業務。她可以輕易預見綠柱石在五年內變成年收兩億美元的事業，史皮格曼也覺得她是帶領公司成長的不二人選。

私募資方要看短期績效，綠柱石決定婚事喊卡

於是，雙方開始進一步協商，斐瑟彭遞出意向書和最初的報價，價格比史皮格曼所期待的略低，但是夠接近他的底價了。綠柱石提出未來一年的預測，斐瑟彭開始進行實質審查。接下來的兩個月，出售流程所帶來的情緒波蕩令史皮格曼感到不安，每天似乎都會出現新的發展及新的問題。

斐瑟彭把焦點放在綠柱石未來幾年的預測上。過去七年間，綠柱石的營收和獲利都有兩位數的穩定成長，但缺乏業務組織，所以斐瑟彭質疑預測的可靠度，進而降低他們對綠柱石的估價。史皮格曼對此感到惱火，但後來還是決定勉強接受較低的價格。不過，斐瑟彭對短期績效的注重更令他困擾。

奇怪的是，最後導致交易破局的反而是朴爾。二〇一〇年三月的某晚，朴爾打電話給他，要求見面討論。翌日他們共進早餐，朴爾說她拿到綠柱石二〇一〇年第一季的財務數字後，連續失眠了兩天。她看得出來綠柱石不可能達到二〇一〇年的財務預測。某種程度上來說，她並不意外，因為綠柱石並不適合這種預測，它沒有系統、人力或文化提供這種預測。

但是私募股權公司是拿別人的錢投資，他們一定要有可預測性，而且是非要到不可。綠柱石最初兩年若要達到預測數字，會面臨極大的壓力，斐瑟彭已建議暫時不要補某個重要的業務職位，先把那筆錢用來達成獲利目標。朴爾說：「那正是我要講的重點，你辛苦打造出來的一切，可能因為他們短期就要看到成果而遭到摧毀。」除了綠柱石可能受到的潛在傷害以外，她也擔心她會卡在文化和投資人的需求之間左右為難。

那次對話讓史皮格曼下定決心停止交易，他告訴斐瑟彭，綠柱石不打算出售了。

接下來的幾個月，他努力思考之前經歷的一切，對他的未來意味著什麼？對綠柱石的未來又意味著什麼？他遲早需要交棒，現在他知道私募股權公司怎麼運作了，他該如何為交棒做準備呢？二○一一年三月三日，他還在努力思索時，寫了一封電郵給我：

> 我一直在想，把「小巨人」賣給財務型買家並預期它未來仍是「小巨人」是否切合實際。接觸了私募股權的世界後，我覺得財務型買家的商業模式無法支持我們這種公司的管理方式。對他們來說，公司是產品。他們轉手賣出公司時，獲利了結。為了得到想要的投資報酬率，他們會使出渾身解數，無所不用其極。我實在看不出來他們願意像我們這樣重視文化、員工和顧客參與，所以他們從創辦人手中接下事業後，通常會改變經營方式。看來對我們這種公司來說，如果想讓公司以原狀營運下去，最好的選項是賣給ESOP，或是創造足夠的獲利，讓公司得以

基業長青。我很好奇你的研究有什麼發現。

我告訴他第四章提到的狀況：我發現只有員工持股或家族企業能在代代相傳下（三代以上），依然維持獨立、私人經營及高績效的文化。

找到對的人，整個過程你會放鬆平靜

史皮格曼當下面臨的問題是：那現在該怎麼辦？他們尚未找斐瑟彭協議以前，他底下的管理團隊已經亟欲追求他們認定的目標——亦即在外部資金的挹注下可達成的目標。為了達成目標，史皮格曼得花很多心思，還得投入大筆資金。資金從哪裡來？公司草創時期，他們的貸款曾被銀行歸為「特殊資產」（亦即「債務重組／逾期協商」），此後他一直很排斥舉債。若是不舉債，替代方案是運用公司獲利（那會降低EBITDA）以及自有資金來支應企業成長。他後來決定這樣做。

之前尋找外部投資者的過程讓他學到，為公司提高價值很重要。或許最大的收穫在於，他知道公司需要建立一個業務組織，可靠地預估未來的業績來自何方。此外，他也更了解產品組合多角化的重要。表面上看來，綠柱石似乎只有單一特長，因為它的業務幾乎只和醫院的行銷部門有關，這樣會很容易受到外部景氣的衝擊。最後，還有科技因素，史皮格曼發現技術升級（例如把平台移到雲端）可為公司帶來很大的效益。

綠柱石進行上述改善時，帳單也持續增加，每年光是人事支出就增加了五百萬美元（包括史皮格曼新找進來提升領導團隊素質的六位資深管理者）。二〇一一年秋季，綠柱石的 EBITDA 跌到了谷底，之後開始回升，但史皮格曼看得出來公司仍需要好一段時間才能看到投資效益，這使他不禁停下來仔細思索。他說：「有幾次財務長告訴我：『我覺得你需要再投入更多資金。』其實我已經投到不想再投了。」

就在那個時候，他接到衛回公司（Stericycle）的業務開發人員來電。衛回是營收十七億美元的醫療廢棄物處理公司，總部位於伊利諾州的森林湖（Lake Forest），最近剛成立病患溝通部門，想了解有沒有機會和綠柱石合作。史皮格曼說他很樂意談談，於是衛回派了兩個人從芝加哥飛來和他見面。

雙方從此談了幾個月。那段期間，衛回公司多次派人前往綠柱石，而且參與討論的管理高層越來越多。衛回顯然對收購綠柱石很感興趣，但史皮格曼覺得時機還不恰當。他的投資需要再等四年才會開始看到成效，到時候綠柱石的獲利會比他開始投資前還高，他建議衛回等兩、三年後再來談。

但衛回不想等，他們要求看一些財務數字，並回去大略估算了綠柱石的價值。史皮格曼再次婉拒收購，他解釋等到他確實決定出售公司時，還會有很多其他的考量，尤其是保留企業文化的問題。至於公司的估價方面，他認為綠柱石開始回收投資效益時，獲利會好很多。他也根據估計，算出了一個價碼。他告訴衛回，收購價必須達到那個區間，他才會考慮出售事業。

衛回並未放棄，他們繼續造訪綠柱石，進一步地討論。最後母公司的執行長和財務長親自造訪綠柱石以了解狀況。史皮格曼說：「光是他們來訪，我就知道我們的價值會漲了。」執行長似乎馬上就了解文化的重要，這點讓史皮格曼印象深刻。事實上，執行長表示，他希望衛回也能培養出類似的文化，也許史皮格曼能幫上忙。

這時雙方討論日益頻繁，交易似乎真的可行了。史皮格曼決定帶著四位管理者前往芝加哥，與衛回分享未來的完整策略。負責接待史皮格曼的窗口表示，綠柱石的管理團隊讓衛回的人刮目相看，遠比衛回裡面負責領導新部門的團隊還要專業，而且經驗豐富。

隨後，衛回的執行長再次偕同財務長造訪綠柱石，雙方的協議開始成形，並於後續的電話中達成協議。衛回的出價比斐瑟彭的最高出價多了五〇%。事實上，衛回的出價不僅包括史皮格曼投入的資金，也包括他預測的價值。

協議內容確定後，衛回開始做實質審查。史皮格曼之前和斐瑟彭交涉時，已經經歷過實質審查了，而且過程不太愉快。「上次壓力很大，我體重一直增加，不再運動，後來花了一年半的時間才恢復正常。這次完全不一樣，整個過程我都很放鬆平靜，連我太太都說差很多。」

究竟是什麼原因讓他這次如此冷靜沉著？「我自己的經驗是，財務型買家做實質審查是為了挑毛病，以便主張這家公司的價值沒那麼高。斐瑟彭做完實質審查後，大砍出價，造成了一些壓力。

衛回派更多人來做實質審查，但是過程相當愉快。每個人都很好溝通，他們不是來挑毛病的，他們只是想確認我們提供的資訊是不是事實。兩者根本是天壤之別。我猜，那是因為私募股權投資人只投資四到六年，現在的出價對他們未來的報酬有很大的影響。策略型收購者通常會長期持有股權，所以他們只是想確定你沒有糊弄他們。」

二〇一二年十一月一日，交易終於完成。衛回為綠柱石的十三位資深管理者提供了認股權，執行長也清楚表示他希望史皮格曼繼續領導公司，史皮格曼同意至少留任一年。他指出，後續的幾個月，令他意外的都是驚喜，而非驚嚇。他在綠柱石仍保留辦公室，他不常待在辦公室裡，即使他不在，資深管理者仍運作得很好，其中幾位也在衛回的指派下承擔了更多的責任。

隨著時間經過，史皮格曼也發現自己為公司做的事情越來越多，公司指派他擔任文化長，主要的工作是在衛回的其他事業單位推廣文化計畫。在那方面，他獲得執行長及其他資深管理者的大力支持。史皮格曼越投入以後，想做的事情越多。公司出售一年後，他表示：「我開始對於企業文化能否中途改變充滿了興趣，尤其是大型的公開上市公司。我現在所處的情況很有意思，當初我考慮出售公司時，都沒想到這些。」

此外，衛回也越來越常借重史皮格曼的長才，請他幫忙和衛回打算收購及已經收購的業主討論及合作。衛回每季約收購八到十家公司，以這種收購速度來看，史皮格曼有很多機會觀察其他業主在不同退場階段的狀況，並比較他和他們的感覺有什麼差別。他說：「有些人在公司出售以後就慌了，這種人多到令人難以置信。他們好像突然間扳動了開關，切換了狀態。但我知道那是因為公司是我們生活的全部，這是我們多年來一直在做的事，所以每次看到別人的情況時，我都會覺得自己很幸運。」

這也帶出了下一個重要的問題以及下一章的主題：公司出售後，如何適應過渡期？

第 9 章

告別了過去，你快樂嗎？

開啟人生下一步，退場才大功告成

那些走完退場流程的創業者往往會說，告別公司比創業難多了，沒有人比蘭迪．伯恩斯（Randy Byrnes）更了解這點。一九七五年他二十四歲，被賓州約克市一家人力仲介所的老闆推向創業之路。他在那家人力仲介所當「就業顧問」九個月，本來以為這份工作可以善用心理學碩士的專長，但他很快就發現他其實是業務，不是顧問，但他需要錢，所以就繼續待下來了。某天他正要打電話行銷時，老闆找他一起去用餐。老闆告訴他：「你就買下這家公司吧。」

他問：「用什麼買？我身無分文，還欠你錢。」

但業主已經想好了。對他來說，那個事業是個投資，而且是爛投資。他似乎已經認定，唯有找一個人逐漸買下那家公司，那筆投資才有可能獲得回報。他隨手抓起一張餐巾紙，寫下交易條款。根據條款，伯恩斯未來七年每個月都必須付他四百五十美元，外加每次開會時開一瓶施格蘭威士忌（Seagram's V.O.）。

那天下班後，伯恩斯告訴妻子這件事：「嘿，我們要買下那家仲介。」妻子一聽，馬上噴淚。

最難熬的階段，是完成交易之後

她哭是有原因的，當時她在醫院急診室當護士，年薪七千美元，先生又積欠雇主一千美元，雙方家長都堅決反對那筆交易，而且伯恩斯也沒受過相關的訓練或經驗。他說：「大學時，我沒修過半門商業課程，沒有人比我對生意更一竅不通。」

不過，他和妻子最後還是決定撩下去，他們覺得當時也許是嘗試創業的最好時機。於是，伯恩斯答應了業主，業主要求他簽下兩頁合約。他們一起告訴其他九位員工，其中七位馬上辭職。伯恩斯認為他們不是刻意給他難堪，因為他們都是單親媽媽，需要穩定收入。

伯恩斯雖然缺乏相關的學經歷，但很有生意頭腦。隨著公司逐漸成長，他們逐漸從人力仲介（客戶是求職者）變成臨時雇員介紹所（客戶是想找基層人員的公司），也提供中階專業人士的搜求服務（例如為企業客戶代尋工程師或程式設計師）。

一位負責臨時雇員的業務員後來又發現第三種業務：有兩、三家客戶說，他們也需要找臨時的中階專業人員。她把客戶的需求轉告給伯恩斯，伯恩斯搜尋了一下，認為那個市場的潛力不夠大，不值得投入。「我把想法告訴她，她當場啪地一聲，把兩手撐在桌面上對我說：『你這蠢貨，我們需要投入那個市場。』我說：『好吧，你覺得我們應該投入的話，那你去搞清楚怎麼做。』她真的去做了。後來那三年，那塊業務加速了我們的成長。」

到了一九八〇年代末期，公司（如今更名為伯恩斯集團）在賓州的東南部開了三家服務處，共有四十名員工，年營收一千兩百萬美元，而且穩定成長。伯恩斯持續落實一些優良的經營實務，包括公開帳目管理，那樣做不僅提升了績效，也強化了企業文化，公司的業績因此大幅飆漲。一九九四年和一九九五年是伯恩斯集團營運的顛峰，年營收高達三千兩百萬美元，員工共四十八人。

不過，就在事業攀向顛峰之際，伯恩斯的人生也陷入了谷底。「下午兩點，我常常整個人放空，坐在辦公室裡，腦子裡沒有顧客，沒有工作，就只是呆坐著。我告訴自己：『這樣不對，大家覺得我在這裡為他們的福利打拚，但我實際上是在打混。』那感覺很棘手。我下面的員工要是打混摸魚，那肯定會有影響。我看過對公司毫無貢獻的老闆，我向來瞧不起那種人。」

他覺得他必須出售公司，他對底下最能幹的管理者琳達·洛恩尼茲（Linda Lohenitz）提出這個想法。洛恩尼茲是他的得力助手，她也感受到伯恩斯的職業倦怠。她提到她有一個朋友在佛羅里達州坦帕市的系一人力派遣公司（System One）擔任高管。伯恩斯見過那家公司的創辦人兼執行長約翰·韋斯特（John West），對他印象很好。所以洛恩尼茲提到不妨向韋斯特透露消息時，伯恩斯鼓勵她去問問看。洛恩尼茲帶回消息說，韋斯特有興趣討論合併。

伯恩斯馬上聯絡韋斯特，並飛去坦帕市參觀系一公司的設施，也會見系一的主要管理者。系一公司充滿了活力，領導者都相當能幹，韋斯特也努力延攬外部的專業顧問來當董事，這些特點都令他印象深刻。此外，兩家公司似乎有類似的價值觀，他回家以後，對這筆交易充滿了樂觀。

不過，他發現協議比他預期的還難，主要是因為過程中他對公司的價值產生了不同的看法。那筆交易對他的重要性，比對韋斯特的重要性還大，這使他屈居劣勢。後來他覺得交易條件對他來講很吃虧：前期先拿五十萬美元的現金、二二%的系一公司股票，以及一席董事。他覺得自己被占了便宜，拿到的錢遠遠不如公司的價值，那也為一九九六年十月二十九日的交易蒙上了陰影。

那還只是開始而已，伯恩斯很快就發現，退場過程中最難熬的部分，是發生在交易之後——亦即過渡階段。他過了快十五年才有自信說，他已經放下經營公司的過往，不再耿耿於懷了。

出售前就做好退場後的生涯規畫，會比較快適應

我猜，多數創業者是離開公司以後，才真正了解到他們從事業經營中獲得了什麼。畢竟，創業者若不是行動導向或目標導向，就難以成事。他們的目光自然是放在事業當前的要求上，而不是擁有及經營公司的無形回報。

但是當他們退出事業、不再獲得那些回報時，難免會感到失落。你不見得確切知道自己少了什麼，你可能覺得悶悶不樂和退場無關，是你自己想太多，那可能是真的：確實是你想太多了。但是

即使找到原因，你的失落感也不會少一點，你的驚恐也不會比較容易平復。此外，在你找到原因之前，你可能難以治療一切症狀。

我們在前面看到，幾位業主在出售事業後經歷過那種折磨。伯恩斯的例子有點不同，因為他後來變成學生。他出售事業後掙扎了九年，一直無法了解及克服那種失落感。後來他在女兒的鼓勵下，決定重返校園。「女兒問我有沒有想過到大學教書。」他說：「我猜她們大概察覺到：『老爸似乎不太快樂。』我心想：『對啊，我可以去大學教書。』」

不過，為了去大學教書，他需要先擁有博士學位。於是，他申請進入加州菲爾丁研究院（Fielding Graduate University）的博士班。那主要是自我導向的學習課程，需要大量的自律及堅持下去的意願。他確實堅持下去了，並於二〇〇九年九月開始寫博士論文，題目是「高層過渡：執行長離開公司後的自我意識」。

接下來的三個月，他訪問了十六位私人企業的前業主，這些企業的規模大小不一，員工數介於十五到五百人之間，年營收介於一百萬到一億美元之間。撰寫博士論文正好是他探索十三年前退場感受的最好方法。他訪問的對象在退場後大都經歷過一樣難受的歷程，原因也很類似。他發現，那種煎熬其實是正常現象。他自己經歷那番痛苦時並不知道這點，他們也不知道，導致過程更加苦不堪言。

此外，伯恩斯退場後所面臨的特殊狀況，也讓退場流程變得更加艱辛。系一公司併購他的公司三年半後，系一自己也出售了，伯恩斯終於把股權全部變現。那三年半期間，他陷入自己的煉獄中。他天真地以為，伯恩斯集團與系一公司的合併是對等的結合。第一次開董事會時，他就明顯發現自己誤判了，當時他和韋斯特為了合併公司的營運長人選起了衝突。會後，韋斯特表達不滿，並讓伯恩斯知道他在團隊裡只是配角。那表示他只能閉嘴，眼睜睜看著自己一手打造的公司瓦解，近一半的前員工失業。

他說：「我覺得非常愧疚。現實的挫折感使我開始漫無目的地飄蕩，刻意地維持忙碌，但每個月底回顧時，我都不知道自己完成了什麼。」他坦言，部分問題在於他沒有事先規畫公司出售以後要做什麼。「我真希望我出售公司以前先做好規畫，因為我現在回顧那段日子，只記得每天都過得漫無目的，感覺沒完沒了。」

業主有某些需求，可能退場後才會發現

蘇．伯恩斯（Sue Byrnes）說她先生在那段期間「悶悶不樂，脾氣不好」。二〇〇〇年四月系一公司出售時，伯恩斯的心情好了一些。系一公司的股東獲得了收購者ＴＭＰ公司（TMP Worldwide Inc.）的股票，ＴＭＰ公司是求職網站Monster.com的母公司。伯恩斯把一些股票分給二十五位前員工以及兩位重要顧問，他們都覺得很意外。伯恩斯說，與他們分享帶給他很大的滿足感。

但是系一公司出售並未解決伯恩斯的既存問題。他一直找不到讓他像以前那樣投入的職業，於是繼續晃蕩了五年，後來才決定重返校園。二〇一〇年六月他拿到博士學位時，終於清楚知道自己想要什麼，也對自己花了二十一年打造的事業以及退場經驗有了全新的觀點。

他發現他曾經擁有、但後來失去的東西有四種：他的身分、使命、成就感，還有他與個別員工及全體員工之間的人際關係。

所謂的身分，是指回答一個簡單問題的能力：「你在哪高就？」幾位當過老闆的業主都告訴我，那是他們最害怕遇到的問題。你經營事業時，那個答案很明顯。你不再經營事業時，那個答案跟詛咒沒什麼兩樣，許多前業主很討厭被視為「前XX」，或者更糟的是，被視為「退休」。那個問題總是讓伯恩斯不知所措，他說：「大家其實是在問你：『你是誰？你有什麼貢獻？』我沒有答案，所以很失落，我想很多人都是如此。」

伯恩斯的使命向來是放在公司上，以前他一直把公司視為理所當然。他在博士論文裡寫道，伯恩斯集團是「由四十八位敬業的專業人士，在高階人力、約聘人事、臨時雇員方面提供客制化的人力方案」。公司出售以後，他說：「我們致力滿足客戶需求、提升同仁生活品質、確保公司獲利及持續成長的努力都停止了。我不再領導這些信任我的優秀同仁去做正確的事，也不再執行以他們的最佳利益為重的決策。」

成就感是來自於做重要的事情，例如為單親媽媽提供良好的工作機會。「我們讓員工成長。」

伯恩斯說：「我們是市場上的領先者，許多單親媽媽因為加入我們，而憑藉一己之力扶養孩子，那給我很大的成就感。」

至於他和員工之間的關係，伯恩斯可能低估了這一點的重要性（他太太這麼認為），因為員工從他二十三歲開始就是他生活中不可或缺的一部分。公司出售以後，他覺得那些人際關係再也無法複製了。「從二〇〇〇年到二〇〇五年，我以投資人的身分接觸一些新創公司，擔任董事。」他說：「我可能想找另一個平台，讓我能和組織及個人建立深厚的關係，但是始終行不通。那種經驗無法帶給人滿足感，在一九九六到二〇〇〇年的第一階段，我還有一些人際關係，因為我仍是系一公司的董事，感覺那還可以影響一些前員工的福利。但是後來擔任新創公司的董事時，我不認識裡面的員工，所以我發現人際關係是我從事業中獲得的一大利益，只是當時我沒察覺。我渴望那種有人需要我的感覺，顯然我以前沒有發現這點。」

伯恩斯的這幾項發現令他釋然。找出以前的事業滿足了他哪些根本需求後，他對自己有了充分的了解，也就是說，他終於知道自己的定位、想要什麼及為什麼了。這種新的認知讓他比以前更深入了解伯恩斯集團帶給他的效益，也指引他展開新的職業生涯——擔任企業教練。

所以伯恩斯終於走完過渡階段，整個退場流程就此結束了嗎？

「是的，現在我終於可以帶著感恩的心，回顧二十一年來伯恩斯集團帶給我的機會，並熱切地期待未來的機會。我為博士論文作研究時，總是自問：『我可以從這裡獲得什麼成長？』我想運用所學來協助他人，那就是我現在做的事。」

你可能還是需要使命、團隊情誼與生活的架構

伯恩斯為了分析離開私人企業對執行長的自我意識有什麼影響，而投入了許多時間。那樣的心路歷程也許是特例，但他在另一方面則很典型。儘管他為伯恩斯集團的文化感到自豪，覺得失去那裡的人際關係很難過，但他不想再經歷同樣的經驗。他的新事業伯恩斯事務所（Byrnes Associates）是一個個體戶事業，他打算維持這種模式，把他所重視的人際關係放在他和客戶之間，而不是他和員工之間。

這是前業主常出現的型態。我訪問的前業主大都表明他們不想再管理員工了，若是以後再度創業（很多人確實如此），他們會做不需要監督兩、三人以上的工作。即使是過去曾經培養出高績效文化的業主，通常也沒興趣在新事業裡再次營造同樣的文化。我猜那是因為他們知道培養一群共事愉快的團隊很難，勞心又費神，他們第一次那樣做時並未察覺。

當然，還是有例外，尤其是退場時比較年輕的業主。戴夫．賀許（Dave Hersh）就是一例，他二十九歲時創立新創公司捷弗軟體（Jive Software）並擔任執行長，成功經營八年半後，他於三十七歲卸下執行長一職。這時，捷弗軟體已是社群商業軟體界的領導者，正準備公開上市。賀許不知道

接下來要做什麼，不過，沒幾年，他就意識到他需要再經營另一家公司，他說：「但我是經過一段歷程以後，才發現我有這個需求。」

他第一次創業是出於財務需要。他認識的兩位程式設計師發明了一種軟體，讓公司的人可以用線上論壇和即時通對話。那個軟體原本是開源碼（亦即任何人都可以免費下載使用），但開發者後來決定用它來打造事業。他們邀請賀許加入團隊，來領導這個案子。當時賀許剛從舊金山搬到康乃狄格州的紐哈芬市（New Haven），因為他的妻子就讀當地的研究所。他們於二〇〇一年九月十日抵達，隔天發生了九一一恐怖攻擊事件，經濟全面停擺。在缺乏其他的就業前景下，賀許接受了朋友的邀約。

他做得很好，在毫無外部資金下，二〇〇七年捷弗的年營收達到一千五百萬美元，共有六十五名員工。當時，賀許和合夥人認為吸引私募股權公司加入的時機到了，他們需要外部資金才能把握熱門新產品所創造的商機。八月，紅杉資本公司（Sequoia Capital）投資了一千五百萬美元，賀許利用那筆資金設立業務團隊和研發團隊，改善業務支援，加強服務，也找進新的管理階層。雖然一開始有點動盪，而且不久之後就發生雷曼兄弟破產及大幅裁員，但公司逐漸穩定成長，二〇〇九年開始全力衝刺，蓬勃發展。賀許說：「我們不斷拉進生意，持續成長，達到目標，實踐我們想做的一切。」

但是他也為此付出了代價，「為了達到那種成績，我給自己很大的壓力，經常出差。我全心全力地投入公司，導致婚姻亮起紅燈。那時我們結婚八年，兩個孩子都不到六歲，夫妻之間幾乎無法溝通。」

這時，總部位於俄勒岡州波特蘭市的捷弗軟體，正準備在加州的帕羅奧圖（Palo Alto）開設分公司。他認為改變環境也許有助於挽救婚姻，所以二〇〇九年十月舉家搬到舊金山灣區。但是搬家並未解決根本的問題，他說：「顯然要同時兼顧公司和家裡的角色很難。」這時董事會開始討論捷弗軟體的公開上市計畫。賀許讓董事會知道，他不想擔任上市公司的執行長，他們同意讓他擔任董事長，並找個稱職的人選來接任執行長，領導公司上市及掌管上市後的營運。

二〇一〇年二月賀許轉任董事長，開啟了緩慢又痛苦的退場流程。他說：「那感覺真的很難，我是忠誠度極高的領導者。卸下執行長職務時，我覺得我讓大家失望了，但我知道那是正確的決定。對我來說，做個好父親和好丈夫，是更重要的課題。」

轉任董事長並未讓退場流程好過一些。新執行長接手後，企業文化通常都會急遽改變，捷弗也不例外。員工開始找賀許訴苦，寫電子郵件告訴他捷弗變了，並表達對過往模式的懷念。老員工後來大都離職，賀許自己只待了一年左右。公司接近公開上市時，董事會需要減少內部董事，他說：「反正我本來就想離開，我乏了，那已經不是我的公司了。」

當時他年僅三十九歲，眼前還有好幾年可以充分發揮所長。休息兩、三個月後，他開始研究接下來要做什麼。他協助創立一家公司，投入一樁事業收購，加入幾個董事會，也做了天使投資人，投資幾個案子，並擔任非營利組織的顧問。

最初兩年，他避免加入任何企業任職。但二〇一二年，他加入安德森霍羅威茨創投公司（Andreessen Horowitz）擔任董事合夥人。「一開始維持獨立還不錯，但是當過執行長以後，單打獨鬥感覺像坐牢一樣。」他說：「我懷念團隊的情誼，覺得自己好像與世隔絕。擔任顧問或董事時，你只是定期介入發表武斷的意見，你會錯過很多構成決策的資訊。更重要的是，你會錯過同甘共苦的革命情誼。我真的很懷念那種感覺，對我來說，那很重要。」

賀許說，他是以兼職身分加入安德森霍羅威茨，目的是想要了解創投公司的運作，並在「思索下一階段目標的同時，找點事做」。沒想到，事情不像他想的那麼容易。他究竟想追求什麼？他知道他需要團隊情誼，他後來也發現他需要創意掌控力。「所謂的創意掌控力，是指能夠根據我的價值觀，而不是別人的價值觀，來主導架構、決策和公司的結果。」他說：「我花了很長的時間，才了解我在下個事業中需要多大的創意掌控力。要是我早一點領悟這個道理，也許可以省下很多時間和精力。」

透過閱讀——尤其是維克多．弗蘭克（Viktor Frankl）的《活出意義來》（*Man's Search for Meaning*）——以及和處境類似的前創業者對話，賀許終於搞懂，他失去的是擔任執行長時的使命感。「可怕的是那種處於虛無的狀態，感覺與世隔絕。」他說：「你可能在書中看到那種描述，但唯有親身體驗過，你才曉得那是什麼感覺。」

他也覺得生活失去了架構。生活架構是全職投入事業時不易察覺的效益，事業上的種種需求會逼著你養成一些例常習慣，讓你持續在正軌上朝著目標邁進。少了那個架構，你會覺得日子充滿了「空白」。他說：「而且你通常不會用有意義的事情來填補那些空白。我是那種生活只要有秩序和架構就可以做得很好的人。當一切雜亂無章時，你需要動用很大的意志力，去逼自己做有意義的事。生活有架構時，你自然而然會在裡頭做一些對你有益的事，不需要意志力也能做到，意志力是很有限的資源。」

我第一次接觸賀許時，他已經徹底想通了這些，知道自己需要什麼。他因此推論，唯有從頭打造一個事業，他才能得到他需要的東西。他說：「我最需要的有三點，第一是使命，我所做的一切，背後要有統一的目的。第二是團隊情誼，我需要一群夥伴，讓我幫忙建構組織，使他們過得更好。第三是架構，我的生活需要有一套架構，讓我天天投入。我已經體驗過人生缺乏這三點的空虛了，那種感覺實在不太美好，我確實需要一個讓我再次全心投入的專案。」

即便是同一家公司的合夥人，退場的方式也可能不一樣

第一章曾經提到過，創業者的退場流程在他全心投入下一階段以前，都不算是結束。為了達到那個階段，伯恩斯和賀許經歷了漫長的摸索過程，以了解他們離開公司時失去了什麼。儘管他們在

這方面不是特例，但是以他們的情況來籠統概括所有業主的退場經驗也是錯的。雖然有些模式經常出現，但每種常見型態也很容易找到例外的個案。所以要找截然不同的案例很簡單，有時甚至出現在同一家公司裡。艾提拉・薩法利（Attila Safari）和合夥人比爾・弗雷格（Bill Flagg）就是這樣的例子，他們都是瑞吉線上公司（RegOnline）的前業主。一九九〇年代末期，薩法利開發了一套軟體，讓人透過網路去管理中小型活動，他在科羅拉多州的博德市（Boulder）創立瑞吉線上公司，以生產及行銷這套軟體。他知道銷售與行銷都不是他的強項，二〇〇二年找弗雷格來當合夥人。當時公司有四名員工，年營收約一百萬美元。

弗雷格是底特律人，也是連續創業者，之前的事業是為紀念海報、年曆和滑鼠墊賣廣告。他和薩法利決定先合作三個月，看他們是否喜歡彼此，之後再決定要不要繼續合夥。他們倆差了十三歲（薩法利四十六歲，弗雷格三十三歲），但相處極其融洽，所以他們簽了合夥協議，由弗雷格買下公司二〇％的股權。薩法利擔任執行長，弗雷格擔任總裁，瑞吉線上在他們的合作下蓬勃發展。接下來的四年，公司擴增為七十人，年營收成長至一千萬美元左右，稅前純益率是四五％。當公司超越營收和獲利標準時，薩法利又分了一〇％的股權給弗雷格。

一切都進行得非常順利，弗雷格希望就這樣無限期地發展下去，但他也知道這一切要看合夥人怎麼決定。他問過薩法利，將來是否打算出售事業，薩法利回應：「那當然囉。」弗雷格說，如果薩法利要出售公司，他會去募資買下他的股權，讓他拿那筆錢好好退休。弗雷格說：「我向來比較喜歡成立公司以後就不要賣掉。但是我的情況有點複雜，因為我很喜歡跟薩法利合夥，不想結束合夥關係，我擔心萬一我沒先做好打算，哪天有人出了高價，薩法利就把公司賣了。」

基本上，瑞吉線上後來就是那樣出售的，雖然過程跟弗雷格想像的不一樣。那一切是從二〇〇七年初打給競爭對手曙來發公司（Thriva）的一通電話開始。弗雷格和薩法利想要收購曙來發，弗雷格說：「我打電話給曙來發的創辦人麥特．爾力克曼（Matt Erlichman），他說：『太妙了，因為我們下週正要宣布艾提夫公司（Active）要收購我們。』所以他反過來問我們，有沒有興趣跟艾提夫談談。我說：『除非他們的出價很高。』我記得我告訴他，出價至少要是收益的二十倍。他說：『我想那在他們願意支付的範圍內，先讓我介紹你們認識吧。』」

艾提夫和曙來發都位於加州的聖地牙哥，他們都是瑞吉線上的競爭對手，但目標市場不同。艾提夫在一．七億美元的創投資金資助下，開始積極收購同業，而且對收購瑞吉線上很感興趣。但他們一開始的出價只有三千萬美元，遠低於他們的預期，薩法利和弗雷格很快就回絕了。兩、三個月後，艾提夫的總裁寄來一封電子郵件，邀請他們倆和他及艾提夫的執行長在博德市共進午餐。那場飯局大部分的時間都在閒聊，到最後艾提夫的總裁終於問道：「好吧，你們想要的數字是多少？」

弗雷格和薩法利在前往飯局的途中，已經討論過這個問題，他們都認為四千萬美元是差不多的數字。不過，令弗雷格意外的是，薩法利當場回應：「五千萬美元。」負責撮合交易的總裁不置可否，但薩法利和弗雷格都注意到執行長露出了微笑。飯局結束後，在回辦公室的路上，薩法利說：

「可惡，我開的價碼太低了，他們本來打算出的價格更高。」不久之後，艾提夫就向他們提出約五千萬美元的出價。

這時他們開始認真地協議起來，但弗雷格仍想辦法避免薩法利太過投入。弗雷格說：「以前也有人出價收購我的公司，我知道出售公司及數百萬美元入袋的概念可能會讓你變得過度興奮，過於投入。我也知道，除非我們有隨時縮手不賣的意願，否則我們沒什麼談判的籌碼。」

他們很需要談判的籌碼，因為他們決心讓艾提夫提高出價。根據艾提夫寄給他們的審計報告，裡面有個附註提到艾提夫收購曙來發的價格，比艾提夫給瑞吉線上的出價還高，而且瑞吉線上的獲利還比曙來發好，那個出價根本無法接受。「我說：『薩法利，如果這是我們公司的估價，我們一年成長三〇%，再過兩年，估價就是一億美元了。我們可以拿這點回應他們，我們不需要出售。』我心裡也暗自希望他打消出售的念頭。」

但薩法利已經一頭熱了，他說：「那實在有點奇怪，一旦你啟動流程，開始協商，就很難停下來，退一步自問：『我真的想賣嗎？』我進入協議模式以後，就只是不停地來回協商。」

由於他們討論的數字遠大於弗雷格想要提高的數字，所以縮手不賣的可能性已經不考量了。現在討論的重點是，收購價中有多少比例是現金，多少比例是股權。二〇〇七年九月，薩法利和弗雷格飛到聖地牙哥參觀艾提夫的營運，同時繼續協商。在拜訪的過程中，他們得知艾提夫亟欲在年底成交。弗雷格說：「我們何不暫緩協商一年，我覺得我們有很大的成長潛力，而且我們做得很快樂，不急著出售。」艾提夫一聽，出價馬上又加碼了一千萬美元。

一頭熱的結果：對出售條件無法冷靜以待

於是併購流程開始加溫，實質審查只花了兩週，而且只看了財務數字。合約細節的協議花了較長的時間，交易於二〇〇七年十月三十一日完成，那天薩法利和弗雷格收到了大部分的款項。這個收購案並不是採用收益外購法，但他們答應剩下的款項可於後續兩年再收。至於艾提夫確切以多少錢收購瑞吉線上，那還有待商榷，因為有不少比例的價金是以私人企業的股權支付。艾提夫評估的交易價值是六千五百萬美元，但薩法利失落地指出，那個評價是根據艾提夫二〇一一年五月上市以後從未達到的股價估出來的。

薩法利說：「有兩件事令我懊悔極了，其一是我確實覺得自己被誤導了，所以才會誤信那些虛假的東西，他們的上市時間表及股價都是吹出來的。第二是我後來才意識到我失去了什麼。我打造了一家很棒的公司，引以為傲，我有自己的小王國，七十個員工，過著忙碌又充實的生活。我從那樣充實的日子變成整天無所事事待在家裡，那感覺很糟。」

不過，公司剛出售時，他和弗雷格還無法選擇待在家裡。他們答應艾提夫在公司出售後繼續上班，他們可以因此獲得配股權，並分兩年取得。對他們來說，那段期間是不太愉快的經驗，薩法利無法適應從執行長變成中階管理者的轉變，「最初六個月忙著公司改組，所以沒什麼感覺。」他說：「但你會逐漸看到他們介入營運，越來越不依賴我，後來乾脆不讓我參與決策。」

弗雷格在公司出售以後，先留在瑞吉線上半年，接著答應艾提夫把瑞吉線上的管理實務套用到艾提夫的其他事業上。「我們有一些比較前衛的做法，例如我們的銷售團隊不是領佣金，我們也不從其他公司挖角MBA或高薪的管理者。」他說：「光是這兩方面，艾提夫的利潤可能只有瑞吉線上的一半。」

不過，一如既往，艾提夫從未落實他的建議。此外，艾提夫也開始在瑞吉線上實施一些政策，違反了他們倆對待員工及客戶的原則。「過了一段時間以後，我實在忍無可忍。」弗雷格說：「他們的制度讓我覺得綁手綁腳，根本無法做事。」二〇一〇年四月他離職了，薩法利仍以兼職身分待在公司裡，但幾個月後他也離開了。

從此以後，兩人的發展開始南轅北轍。弗雷格對於瑞吉線上的出售雖有遺憾，但薩法利的懊悔比他還深，也更持久。此外，二〇〇八年股市崩盤時，薩法利出售公司的錢有一大半在股市裡蒸發了。更糟的是，整天待在家裡也對他的婚姻產生了不良影響，二〇一〇年他離婚了。這一路走來，他不斷地自責，後悔莫及，覺得出售公司根本是愚蠢的決定。「我不禁自問：『你到底在想什麼？』」他說：「你打造了一家卓越的公司，公司在你出售以後，雖然管理不善，但仍然蓬勃發展，如今的價值應該比以前更高了。回顧過往，你不禁告訴自己：『其實我當時可以退一步，每週上班兩、三天，而不是天天上班，多留點時間陪伴孩子和家人，人生會過得更充實。』」

薩法利繼續說：「我想，應該是自尊在作祟吧。你告訴自己：『反正你隨時都可以再開一家成功的公司。』也許別人可以做到，但我沒辦法，我已經沒有精力再重來一次了。」他一度和朋友合作投資房地產，買舊屋來裝潢改造後再出售。如此做了兩年，成績還不錯。後來他的朋友在處理裝潢時，突然嚴重中風。薩法利覺得他無法獨自投入那個事業，那麼接下來要做什麼呢？「我也不知道。」

弗雷格的經歷則是大相逕庭。無論是因為運氣、本能、還是先天比較謹慎，他不像薩法利那樣把出售公司的錢拿去找專業基金經理人投資，所以股市崩盤對他來說毫無影響。他的家庭生活大幅地改善，二〇〇八年結婚，二〇〇九年妻子生下第一胎。在此同時，也有許多商業機會找上門。「公司出售以後，大量的機會湧來。我還在瑞吉線上及艾提夫工作時，已經開始參與一些不同的東西。」他說：「所以我一直接觸到許多有趣的機會。」

或許是因為弗雷格曾經創業及出售事業，又或者是因為瑞吉線上比較像是薩法利的事業，而不是他自己的，所以他的身分和使命感不像薩法利那樣綁在公司上。因此，他的退場過渡期很短。他還沒離職以前，就已經開始做天使投資，並與一些創業者合作發展事業。

他也受到安娜堡的辛格曼商業社群所啟發（他就讀安娜堡的密西根大學），創立「費利思樂趣團」（The Felix Fun），那是「位於博德市的社群，由白手起家的永續公司所組成……是那種顧客津津樂道、員工蓬勃發展、業主想和公司一起變老的公司」。弗雷格並未經營那個社群裡的任一家公司，他說：「我不參與管理，那些業主是我的合夥人，我只在背後指點，就像後座的乘客指引前面的司機路該怎麼走那樣。那感覺很好，因為我可以看到許多有趣的景象，也可以幫他們指引方向。那很有意思，帶給我很大的歡樂。」

「不過，那和我開著巴士載著一整車興奮的乘客，而且由我自己挑選路徑很不一樣。我確實很懷念以前在瑞吉線上那種深入參與營運的感覺，但是你自己剛創業時，很難達到那樣。你找到合適的團隊以前，會先經歷找錯人、招募及開除人力之類的過程，那很痛苦。如果我能自己培養一個團隊，我會願意再次忍受那種痛苦。因為某個時間點，你真的可以和核心團隊達到合作無間的境界。如果捻個手指就能在一家成長公司裡擁有一支卓越的團隊，我相信多數人都會想要再次創業。但是對很多前業主來說，從頭打造新團隊實在太痛苦了。」

大退場的五個通則

薩法利和弗雷格之所以退場結局截然不同，想必有很多可能的原因，包括年齡、性格、背景、人生觀等等。重點是，光看其他人的退場經驗，不見得能評斷某人的退場經驗如何。不過，在這裡我想根據我做的研究，斗膽提出幾個適用於過渡階段的一些通則。至於這些通則是否適用在你身上，就留給你自己判斷吧。

一、每個人都需要歸屬

對多數業主來說，退場是從經營公司過渡到其他狀態的開始。幸運的業主在退場以前就已經知道那個「其他狀態」是什麼。比較不幸的業主則是在退場以後才開始摸索，他們大都會告訴你，他們多麼希望在退場以前就先想好。有目標的生活遠比不知何去何從地度日來得容易。

春田再造控股公司的史塔克在這方面獲得一項建議，我覺得那項建議對考慮退場的業主來說幾乎人人適用。我在第四章提過，史塔克花了三十幾年打造一家他可以「問心無愧」離開的公司。他所謂的「問心無愧」是指，公司有穩健的資產負債表、成熟的管理體系、教育良好的人力，即使他不在，領導團隊也可以繼續帶領公司營運下去。

二〇一三年夏天，他已經達到這四個目標，開始思考去留問題。他向八十二歲人的春田市傳奇企業家艾德溫．萊斯（Edwin Rice）求教，萊斯在家族經營的裝瓶公司裡工作了六十幾年，史塔克說：「他問了我一個很棒的問題：『你有更好的事情想做嗎？』我想了一下，坦白講，我沒有。」所以他決定暫時繼續待在春田再造公司。其他的業主決定要不要離開事業以前，也許可以自問同樣的問題。如果你的答案是有，那就強迫自己說出那個「更好的事情」是什麼。

二、過渡階段大都需要一段時間

鮮少創業家在初次退場時，就知道該預期迎接怎樣的退場生活，即便是經驗豐富、見多識廣的創業家也是如此。他們在業界待得越久，退場後經歷的震撼越大，也需要更多的時間才能平復。布羅斯基（第二章和第四章）於一九七九年創立第一家公司完美快遞（Perfect Courier），後來他陸續創立幾家公司（包括目前為止價值最高的城市倉儲公司），但是他在二〇〇七年賣掉那些公司時，才經歷第一次退場，那時距離他首度創業已近三十年了。

他以為他已經準備好邁向下一階段的人生，結果沒有。

他說：「現在我看得出來我很幸運，我不必馬上離開公司。我賣了公司以後，仍繼續經營了幾年。要是我當初馬上離開，可能會很難過。因為公司已經變成你的身分，當我還是業主時，我沒想到這點。所以你出售公司等於是放棄部分的靈魂，但沒有人會告訴你這些。大家只會跟你談錢，他們不會告訴你，你需要為心理上的痛苦或必要的改變做好準備。如今我太太伊蓮和我在社群裡有我們自己的身分，那個身分和事業無關，但我需要至少三年的調適時間。」

根據我訪問前業主的經驗，三年的過渡期是大概的平均值，許多業主需要更長的時間，有些需要較少的時間。那些需要最少時間的人，通常是連續創業者，他們的退場經驗不止一次。如果你習慣從一個事業轉移到另一個事業，你比較不可能依賴某家公司來界定你的身分，或是提供你使命感和成就感，你比較可能在其他地方找到生活的架構和團隊情誼。

三、理財是一個全新的事業

出售公司後，無論遇到什麼情感問題，沒有什麼比看到巨款匯入、銀行帳戶的餘額暴漲，更令人激動的事了。私營公司的業主也許帳面上身家過人，但是在那筆出售公司的巨款匯入以前，那些數字都不能算數。想到你完成的事情，你不免會感到自豪，那是理所當然的。畢竟，你確實打造了那個事業。雖然沒有眾人的協助你無法辦到，但你是主力，那個事業沒有你就無法成功。

同理，當你把出售公司的巨款投入考慮不周的投資標的時，也沒有什麼事情比這件事更令人懊悔。日服公司的前業主修尼克就是吃足了苦頭，才記取這個慘痛的教訓。「出售公司時，業主通常沒有想到，我們其實是進入另一個行業——管理自己的資產——我們之前成功經營事業的才華，不見得能套用在這個新事業上。」他說：「我拿到錢以後，開始貪心了起來，自以為很聰明，結果在市場上因為不懂規則，胡亂投資未上市公司，賠掉了一大半。接著，我在奧蘭多買了一家建築公司，把營收從零拉升到四千萬美元，並獲得JD Power品質獎，也做了一些有意義的事。但後來房市崩盤，我們把公司關了，那個事業也害我賠掉三百萬美元。」

不幸的是，找個有資格的資金管理人來幫你理財還不夠。修尼克有資金管理人，薩法利也有，但他們都是股市暴跌的受害者。修尼克說：「我覺得你需要一個顧問團，你自己衡量投資結果，並請顧問團審查。也許你可以找賣過公司的創業者組團，像偉事達（Vistage）團體那樣，請他們給你坦誠的意見和建議。」那正是演美機構（第六章）成立的動機。總之，謹慎處理那些錢，做好規畫，為你冒險投資的金額設下嚴格的限制是不錯的點子。

四、一旦創業，終身都是創業者

容我說個平淡無奇的道理：不是人人都有創業的本事。至於為什麼有人做得到、有人做不到，這比較適合比我更懂人類心理的人來探索。不過，當初激發你創業的因素，可能不會因你不再擁有事業而消失。你會因為心癢難耐而想要重作馮婦，至於怎麼做，只有你自己能決定。在此同時，你可能對某些情況感到不滿，因此有以下的推論：

推論一：你的退休生活可能不好過

對許多業主來說，「退休」是個討人厭的詞——這不是說他們擁有更多空閒時，不懂得思考他們要做什麼。打造一家公司需要做很多的犧牲，最主要的犧牲是你陪伴家人或追求其他興趣的時間。也許你會利用空檔打打高爾夫、搞搞園藝或烹飪，也許你夢想過著為所欲為的生活，但別以為那就能帶給你快樂。

「出售公司後，我打了很多小白球，也做了很多我以為我很熱愛的活動。」修尼克說：「但後來我發現，當你是為了放鬆及改變生活步調時，高爾夫球是很棒的運動。但是當你一週打三、四次時，那感覺就像工作，而且你會想要打得更好，那讓我感到沮喪。」

哈特（第七章）出售仿曬星球後，也經歷了類似的狀況。你可能還記得他立志在四十歲時賺飽了財富就退休，然後去追求為了開公司而延遲追尋的樂趣。出售公司不久，他就去環遊世界了。「我旅行了三個月，非常快樂，後來我母親生病，我回家照顧她。她過世以後，我又開始旅行，但感覺已經變了，那好像天天吃大餐卻食不知味一樣。我需要待在家裡才感到踏實，我覺得自己失去了使命感，我想念我母親，也想念公司。我懷念有意義的工作，懷念參與感，懷念團隊情誼。我非常需要歸屬感。」

當然，也有卡爾森的例子（第一章和第六章），他一點也不反對退休，他本來就打算出售超日科技以後要退休。所以出售公司以後，他維持退休狀態十八個月。兩年半後，他又重返職場，全職投入工作。

帕加諾（第一章）則是異數，他依然在退休狀態，出售維朗公司五年後，他一直樂在其中。不過，他也抵抗不了創業的誘惑，又創立了兩個事業，先是和妻子合創遊艇飾品事業，之後又和兒子合創健康零食販賣機事業。

推論二：你可能是很糟的員工

多數創業者憑直覺就知道，一旦當過老闆，就很難再去做別人的員工。除非你是為很特殊的公司工作，否則你注定會失去當老闆時的獨立自主權。更重要的是，你可能早就忘了要怎麼當好一個員工，或是在他人的團隊裡當個好成員。

你可能會變成上司眼中的麻煩分子，就像伯恩斯讓系一公司的執行長韋斯特感到不勝其擾一樣。你會批評你不認同的決策，而且批評的時機不對，抱怨的對象也不對。你發現沒有人聆聽你的意見，或是未受到以前習以為常的尊重時，會開始悶悶不樂。

不過，從老闆變員工不見得都是悲劇收場。哈莉森（第四章）出售光影公司後過得挺好的，繼續為新業主效力。史皮格曼（第八章）出售綠柱石保健公司後，在衛回公司擔任文化長，他覺得那份工作帶給他很大的活力及成就感。賀許堡（第七章和第八章）把石原農場賣給達能集團後，除了繼續擔任執行長及董事長以外，也為達能集團創立了兩個新事業。

不過，這裡值得注意的是，上述三個例子中，只有哈莉森接受收益外購法。如果出售條件要求原業主繼續留任，並於出售後才逐年支付大量的價金（而且金額是看公司的績效而定），退場的業主通常會變成新業主的員工。這種交易的問題在於，交易一簽訂，賣家就必須承擔達到績效目標的所有責任和風險，買家也失去了幫忙達成目標的財務動機。在此同時，兩家公司的業務合併後，賣家失去了以往習慣的自由，那種經營自由度是賣家以前績效卓越的因素。

設計賣相得分的瓦瑞勞（第二章和第三章）指出：「創業者是靠著創意與創新蓬勃發展，收購者則是靠著流程蓬勃發展。」他聽過許多恐怖故事，「創業者需要自主性才能經營公司，但買家只希望對方融入，遵守他們的規矩，結果導致收益外購法通常很早破局。創業者不是自請求去，就是遭到開除。」他建議賣家，若是交易完成日收到的價金還不到他們願意接受的底價，就放棄交易。

五、太早遠比太遲好

薩法利在過渡階段才意識到，他在出售公司以前沒想過各種可能的選項，因此後悔莫及。退場流程的過渡階段幾乎從來沒有轉圜的餘地。

有一些罕見的例外。二〇〇四年十二月，羅伯・杜貝（Rob Dube）和喬爾・波爾曼（Joel Pearlman）出售他們經營十三年的印一辦公用品公司（Image One）給丹卡事業系統公司（Danka Business Systems PLC），合約條件是一次性的現金支付，外加三年的收益外購法。

根據合約，印一公司保留公司名稱，可運用丹卡的龐大資源（包括五百多人的業務團隊）來擴大全國的營運。但簽約不久，杜貝和波爾曼就開始後悔了，因為他們馬上遇到大企業裡常見的政治角力及官僚問題。「我們有各種動機想要把事業做好，我們也想那樣做。」杜貝說：「但是大企業的制度阻止我們盡全力做好，那實在很令人沮喪。」

後來發現，丹卡的問題比他們所想的還要嚴重。二〇〇六年三月，丹卡延攬新的執行長來扭轉營運，印一公司和新執行長的計畫不再相容，所以同年六月——交易完成才十八個月——丹卡就把公司還給杜貝和波爾曼，條件是他們倆放棄收益外購法所計算的價金。

這時，他們的事業目標已經大幅改變。出售公司以前，他們把盡快擴大印一公司的營運視為首要之務，現在他們已經不在乎公司變得多大或擴張多快了。沒錯，他們依然希望事業成長，但他們也一樣重視文化的提升、員工生活的改善，以及回饋社群。他們後來也養成了每年檢視未來遠景的習慣，以檢討未來十到二十年他們和公司的發展方向。

所以一家公司出售後可能有機會轉圜，只是需要有好到出奇的運氣。幸好，還有其他的方法可以確保結局圓滿，只是那些方法都需要花時間投入退場流程的前兩個階段——探索與策略階段——以免外力逼迫或誘惑你挑選某個路徑。那表示你需要思考你想擁有的可能選項，研究每個選項，並且像杜貝和波爾曼那樣定期檢視你對未來的遠景。

我必須再三強調，如果你渴望創造一家績效卓越的公司，對世界產生獨特的影響力，而且代代相傳，盡早開始思考退場特別重要。公司在一個世代內要維持驚人的財務績效已經夠難了，你需要花長年的時間培養人才、文化和管理機制，接班人才有機會做好傳承。

功成之後，該如何身退？

布羅斯基坐在四層樓建築的三樓辦公室內，那棟大樓是二〇〇〇年紐約都市計畫法規仍允許在東河的布魯克林那側興建那種建築時所搭建的。從他的辦公桌邊，可以把曼哈頓的天際線盡收眼底，偶爾會有拖輪、大型平底船或觀光渡輪經過。根據城市倉儲公司的出售協議，他可以自由運用這層樓和樓上的空間。他在佛羅里達、科羅拉多及長島海岸都有房產，他和妻子伊蓮不出遊或不在其他的房產中度假時，就是住在樓上。

出售公司後的過渡期，比他原本預期的辛苦，也花了較久的時間，但他一點也不後悔出售事業。他說：「大家常問我：『你不會懷念以前嗎？』『完全不會，我很高興我離開了。』有趣的是，我現在回顧過往，總是忍不住對自己說：『你真傻！』我確實很喜歡以前的事業，但是擁有事業有很多種方法，不需要整天綁在辦公室或某個地方，依然可以運籌帷幄，這是我現在投入兩個事業的最大優點。」

他是指北達科他州的旅館事業以及紐約市一家休閒速食餐廳。他出售城市倉儲公司以後，與人合創了這兩家公司。另外，他也資助過一個失敗的事業，第四個事業也可能會賠錢，不過前述的旅館和餐廳事業都很成功，獲利是其他虧損的好幾倍。此外，拜合夥人及現代科技所賜，他不需要親自到場，依然可以經常監控這兩家公司。他對這種安排再滿意不過了，他說：「我不可能再去做整天困在辦公室裡的事業。」

這改變不僅影響了布羅斯基的時間運用，也影響了他的思維模式。他說：「我現在的想法跟以前完全不一樣了，你可以說比較『聰明』，但我也不確定是不是因為這樣。年齡也是因素之一，因為年紀大了以後，會覺得時間更寶貴。身為業主，你一直在工作，熱愛你做的事情，然後不知不覺年紀大了，你不會想到還有其他的做事方法。我有機會見識到其他方法，是因為我把公司賣了，使我對時間產生了不同的觀感。我猜，我要是沒有出售公司，現在可能還是很開心地做著以前的事，但我會因此錯過美好的機會。」

那他為什麼不以前就這樣經營呢？他說：「你無法從現在這個境界開始。也許比我聰明的人可以辦到，但我沒辦法。」要不是先打造城市倉儲公司，並出售公司累積一筆財富，再加上創業數十年所累積的知識，他現在不可能有財力去開新的公司，也不會有遠端遙控事業的生意頭腦。「出售事業對我來說不是終點，而是新職涯的起點。你想想，我依然走在時代尖端，投資巴肯盆地（Bakken）的頁岩油開採、休閒速食餐廳等等，有機會看到很多東西。我因為出售事業，而有機會發現：『嘿，這太酷了！我能做的事情比以前還多。』」

如今，對布羅斯基來說，賺錢的目的變了。事業不賺錢時，他確實會覺得那個事業是失敗的，但他投入那些事業不是為了增加財富。他坦言，他現在的財富已經夠他一輩子花用及留給下一代。他現在及未來的財富大都會捐給慈善機構，他之所以繼續投入事業，是因為他找到適合自己的新職涯並樂在其中。知道自己對社會仍有貢獻（例如就業機會、經濟成長、國家財富），也帶給他很大的滿足。

彼得斯也漂亮退場了，不過他花了幾年的時間才找到真正的志業。他把奈瑟斯賣給亞特蘭大科學公司以後，先在公司裡履行一年的合約義務，接著他休息了一陣子，好好地沉澱及旅行。一九九五年，他受邀擔任矽谷新創公司ＩＣＴＶ的執行長。「我有典型的加拿大自卑感。」他說：「全世界都覺得矽谷比較大，比較有前途，我只是想去體驗看看。」兩年半以後，他認為矽谷和家鄉的創業環境其實差不多，他找人接替執行長的位子，回到溫哥華做他熱愛的事：培養及出售科技公司。

他不喜歡管理別人，所以他轉型當投資人，一開始是投資自己的錢，後來變成避險基金的管理者，最後成了創投基金的執行長，協助幾位業主順利地退場。不過，五年後他離開了創投基金，因為他認為創投基金堅持挹注的資金，比業者能消化的還多，那其實對新創公司是一種傷害（他的合夥人認為五千萬美元的創投基金不該做兩百萬美元以下的投資）。

於是，他推出自己的天使基金，持續協助他投資的公司退場變現。他也開始幫其他人設計及執行退場計畫，把輔導退場變成他的熱情所在。二〇〇九年，他出版著作《提早退場》，在書中說明他的論點：他覺得未來回顧時，會覺得現代是科技創業者的黃金年代。「目前為止，我還沒看過哪個年代像現在這樣，能以極少的資金創立科技公司，使它迅速成長，並於創立幾年後變現退場。」他說：「很多創業者在兩、三年內就創造了驚人的財富。」他的著作和部落格為他吸引了許多演講邀約，開始占用他大部分的時間。

他一點也不討厭這種生活，「我很高興地說，現在是我人生中最快樂的時光，我很熱愛現在做的事情。」他說：「我也覺得我可以繼續這樣再做個二十年左右：投資幾家公司，幫他們及其他公司退場，協助其他人了解怎麼做，然後，盡情享受空檔。我沒打算做其他的事。」

貝比奈克（第三章）也功成身退了。他和許多業主不同的是，二〇〇八年他從三網公司卸下執行長的職務，或二〇〇九年卸下董事長的職務後，幾乎沒有不適應的症狀。他認為他的過渡階段特別短，是因為他很早就領悟到一點：他是為股東效勞的員工，他自己也是股東之一。

他覺得他是為天使投資人效勞，一九九〇年（他創業第二年）要是沒有天使投資人拯救三網，公司早就破產、被迫清算了。在幾個關鍵時間點，公司的管理者和員工願意出錢拯救公司，減薪支持他度過難關，所以他覺得他也是在為那些管理者及員工效勞。

不過，真正讓他體悟到自己「只是員工」的事件，是一九九五年他把公司的大部分股權賣給精約人力公司的時候。「一旦跨過那個門檻，你才真正明白你做的一切都是為了股東的利益。」他說：「你也會發現，你的未來不是你自己的。當你把控制權交給對方時，對方就有權力說你是不是經營公司的稱職人選。」這個現實是否很難接受？「我自己不覺得，因為我相信我們做的事情是對的，對我們的團隊及投資人是有利的。」

不過，他也坦承二〇〇八年卸下執行長一職時，他一開始有點不習慣換人掌舵的概念。貝比奈克說：「當你創業並經營一家公司二十年以後，你會覺得沒有人能夠插手經營，或是以同樣的方式看待它，這一點有時確實會讓人覺得難以接受。」有一些忠實的老員工覺得他們在新體制下沒有未來而另謀高就，他覺得特別難過，但他後來已經釋然。對於繼任者伯頓．高菲德（Burton Goldfield）於二〇一四年三月二十七日領導三網公司公開上市的表現，他只有讚揚。

他始終保有大股東及董事的身分，那無疑也是讓他維持心平靜氣的因素。高菲德接任執行長後，他仍擔任全職的董事長近兩年，這一點也有幫助。不過，我覺得最關鍵的因素是，他決定利用那段時間，認真思考接下來要做什麼。所以，當他不在三網全職工作時，他對自己的身分或使命感都毫無疑慮，他已經開始為下一個專案奠定基礎：非營利組織「北區創業機構」（Upstate Venture Connect，簡稱UVC），該組織的目的是掀起創業風潮，以重振紐約州北部的經濟。

UVC不是他唯一的熱情所在，他也協助創立了始快機構（StartFast），那是一個「輔導導向的新創企業育成中心」，每年帶五到十家科技新創公司到紐約州的雪城，做為期三個月的密集指導。他變成積極的天使投資人，為紐約州北部的新創企業設立了四個種子基金。他也擔任幾個創投基金的有限合夥人兼顧問。他與家人去牙買加度假後，開始思考如何在低度開發國家發揮影響力。之後他開始建構人脈網，為那裡的創業新手和美國經驗豐富的創業家牽線。最後，他也和人合創營利的軟體事業IntroNet，以簡化在專業與個人社交網中介紹與推薦他人認識的程序——他預期那個平台可以幫他的所有事業發展。

他樂在其中嗎？他說：「我快樂極了，感覺像孩子進入糖果店一樣興奮，我想不到比這些更想做的事了。我很幸運不必擔心財務問題，因此能自由地從事我想做的事，而不是我必須做的事。但是，要不是當初打造三網公司，我也無法達到今天的境界，三網讓我享有現在的生活。」

關鍵：快樂有很大一部分來自對他人仍有貢獻

本章一開始，我們提到幾位業主離開公司後，才發現他們渴望公司賦予的一些無形東西，例如使命、身分、成就感、創意掌控力、團隊情誼、架構等等。以前他們經營公司時，從未發現公司給了他們這些東西。布羅斯基、彼得斯、貝比奈克則屬於另一種極端。他們三人在新生涯中設法重新取得或保留住那些無形的東西，只有一點和以前不一樣：他們比以前更快樂了。這裡值得好好探索一下為什麼，以及他們是怎麼辦到的。

顯然，錢是一大要素。錢也許不像眾人所想的那麼萬能，但業主出售事業換得大量錢財時，他們的生活確實變了，部分原因在於那些錢讓他們有自由去做其他的事，部分原因在於那些錢讓人不再害怕金融災難。即便是帳面身家驚人、收入頗豐的創業者，也經常擔心失去一切。當你把缺乏流動性的私有股權變現以後，那種失去一切的風險即使沒有完全消失，也大幅降低了。只要你別拿那些錢去做思慮不周的傻事，就幾乎可以不必再為錢煩惱了。

但是幸福快樂不光只是沒有煩惱而已。對多數的創業者來說，前面提到那些無形的東西似乎扮演著更重要的角色。所以布羅斯基、彼得斯、貝比奈克究竟做了什麼，讓他們免於陷入其他業主常見的掙扎？

我認為答案和服務有關。他們都從幫助他人打造成功事業中獲得了快樂，或至少獲得了大部分的快樂。我為這本書訪問的前業主在退場之後，幾乎都找過貢獻一己之長的方法。成功的創業者最擅長的就是打造事業，所以很多創業者認為，和經驗不足的創業者分享多年累積的專業，是他們最大的貢獻。

你仔細想想，服務是讓成功的創業者從事業中創造使命感的因素，或許也是首要因素。畢竟，他們的事業就是在服務客戶，如果不是，他們的事業不太可能成功。許多創業者也認真地照顧或服務員工和社群。當退場的業主說他們失去使命和身分時，他們真正失去的，其實是無法再以某種形式服務他人的感覺，以及無法和志同道合的夥伴一起服務的機會。那種形式會逼他們設定優先要務（創意掌控力和架構），並持續衡量他們的進步（成就感）。

從本書收錄的業主經驗中，我覺得這是最重要的啟示。那些故事提醒我們，一家公司不光只是一個經濟組織而已，也是一個社會組織，為我們的生活賦予目標和意義，提供多數人迫切需要的團隊情誼、方向和滿足。

不過，話又說回來，我們也可以輕易了解，為什麼創業者離開一手打造的公司時，大家通常只注意到財務面——亦即出售事業所獲得的金錢與財富。由於大家普遍渴望財富自由，有人真的達到那種境界時，肯定會受到關注。

不過，如果你是打算離開事業的業主，光想你會得到多少財富顯然是錯的。你面臨的更大挑戰是像布羅斯基、彼得斯、貝比奈克那樣，必須盡可能提早思考：什麼東西可以取代公司滿足你的那些重要需求？如果你能像他們那樣，設法運用你的新財富做為墊腳石，讓你去追求更高的志業，你就算是真的功成身退了。

致謝

若不是許多貴人鼎力相助，我不可能完成這本書。事實上，幫過我的人實在太多了，我很擔心謝詞裡可能有所遺漏（萬一我忘了在此提及你的貢獻，請原諒我並讓我知道，我會盡力彌補）。

讓我們從這本書的緣起開始吧：二〇〇六年到二〇〇八年間，我和布羅斯基為《企業》雜誌寫的一系列專欄「出價」（The Offer）。當時布羅斯基正決定是否出售公司，記錄那段經歷是編輯羅倫·費德曼的點子（如今她是《紐約時報》的小企業編輯）。我們獲得《企業》雜誌團隊（在總編輯珍·貝倫森的領導下）及讀者的鼎力支持，我們都很感謝大家。

那系列文章引起的熱烈迴響，讓我開始思考寫一本有關事業退場的書。我和兩位我最信賴的顧問談起這件事：我的萬能經紀人 Jill Kneerim 和我的無敵出版商 Adrian Zackheim。他們都鼓勵我寫，所以我開始做一些初步研究。我找人聊了兩、三次，就發現我對這個主題的了解極其有限。於是，我展開漫長的學習過程。過程中，我遇到很多老師、顧問、導師、支持者和知己。

當然，一開始我的老師就是布羅斯基和他在城市倉儲公司的合夥人 Elaine Brodsky、Sam Kaplan、Louis Weiner，我非常感謝他們的指導。一如既往，我也非常依賴經常和我一起寫書的良師益友史塔克（春田再造控股公司的共同創辦人兼執行長），他引導我去思考：我學到的一切究竟有什麼寓意。

我在《企業》雜誌的前同事 George Gendron 和 John Case 也像以前一樣，給了我很棒的意見。還有好友 Martin Babinec、Chip Conley、Ping Fu、Paul Saginaw、Paul Spiegelman、Tom Walter、Ari Weinzweig、Steven Wilkinson 等人也惠我良多。Tatum 公司的創辦人及《無人之境》（*No Man's Land*）的作者 Doug Tatum 從一開始就大方地提供協助及建議，並介紹我認識托梅。托梅後來指導我了解出售公司時比較技術性的面向。Steve Kimball、Basil Peters、Sam Kaplan、Brendan Anderson、Jeff Kadlic、John Warrillow、Jerry F. Mills 在那方面也提供我不少協助。員工入股全國研究中心（National Center for Employee Ownership）的創辦人 Corey Rosen 幫我深入了解那些經歷過接班議題的員工持股公司。

當然，還有我在《企業》雜誌遇到的編輯費德曼、Eric Schine、Larry Kanter、貝倫森，他們幫我編修我為雜誌撰寫的相關文章，我把一些文章內容也融入這本書裡了。我也想感謝《企業》雜誌的發行人 Joe Mansueto 以及總裁兼總編 Eric Schurenberg，還有編輯 Jim Ledbetter，即使這本書有時看起來似乎沒有完成的一天，他們自始至終都非常支持我。

本書的原始資料大都來自深入訪談，我訪問了七十五位以上的現任業主及前業主，有些是早就認識的，但大多數是透過朋友和同事介紹的。偉事達的主席 Sterling Lanier 在這方面幫助我特別多。他主動表示，他會向偉事達其他分會的主席介紹我研究的主題。Tim Fulton、Gil Herman 和已故的 Gary Anderson 幫我介紹了幾位前業主，和我分享了不少精采的故事和見解。

我非常感謝那些現任業主和前業主願意對我和盤托出那些私密、甚至痛苦的退場經歷。幾乎每一位都答應讓我錄下訪談內容，那需要很大的勇氣。他們對我開誠布公並沒有獲得任何好處，他們之所以願意這樣做，完全是基於一個因素：他們想幫助走在創業路上的同路人。我真希望我有充分的空間，可以完整陳述他們的故事。即使是那些無法收錄進來的故事，也提供我重要的見解，讓這本書變得更加充實，所以且讓我在此一併感謝他們的無私分享（按字母順序排列）：

John Abrams (South Mountain Company)、Joel Altschul (United Learning)、Jack Altschuler (Maram Corp.)、Jim Ansara (Shawmut Design & Construction)、Michael Ansara (The Share Group)、Robin Azevedo (McRoskey Mattress Co.)、Martin and Krista Babinec (TriNet)、Jim Ball (Fast Cash)、Mitch Bernet (Integra Logistics)、Bill Butler (W. L. Butler Construction)、Randy and Sue Byrnes (The Byrnes Group)、Barry Carlson (Parasun)、Bob Carlson (Reell Precision Manufacturing)、Loren Carlson (CEO Roundtable)、Amy Castronova (Novatek Communications)、Yvon Chouinard (Patagonia)、Chip Conley (Joie de Vivre Hospitality)、Kit Crawford (Clif Bar & Company)、Steve Dehmlow (Composites One)、Rob Dube (Image One)、Charlotte Eckley (O&S Trucking)、Gary Erickson (Clif Bar & Company)、Bill Flagg (RegOnline)、Richard Fried (Sea Change Systems)、Ping Fu (Geomagic)、Kevin Grauman (The Outsource Group)、Clint Greenleaf (Greenleaf Book Group)、David Hale (Scale-Tronix)、Peter Harris (Cadence)、Ashton and Dave Harrison (Shades of Light)、Tony Hartl (Planet Tan)、Edie Heilman (Mariposa Leadership)、Al Herback (Calumet Photographic)、Dave Hersh (Jive Software)、Gary and Meg Hirshberg (Stonyfield Farm)、Kathy Houde (Calumet Photographic)、Jeff Huenink (Sun Services)、Rob Hurlbut (Niman Ranch)、Dave Jackson (First Choice Health Care)、Jeff Johnson (Arcemus)、Jean Jodoin (Facilitec)、Ed Kaiser (Polyline Corp.)、Phil Kaplan (Adbrite)、Steve Kimball (Tuscan Advisors)、Kenny Kramm (FlavorX)、Bruce Leech (CrossCom National)、Michael LeMonier (MedPro Staffing)、Martin and Linda Lightsey (Cadence)、Steve MacDonald (Parasun)、Bobby Martin (First Research)、Ted Matthews (Promonad)、Ron Maurer (Zingerman's Community of Businesses)、Fritz Maytag (Anchor Brewing)、Mike McConnell (Niman Ranch)、Jean Moran (LMI Packaging Solutions)、John Morris (NetLearning)、Gary Nelson (Nelson Corp.)、Bill Niman (Niman Ranch)、Nicolette Hahn Niman (BN Ranch)、Jim O'Neal (O&S Trucking)、Ray Pagano (Videolarm)、Bill Palmer (Commercial Casework)、Aaron Patzer (Mint.com)、Basil Peters (Nexus Communications)、John Ratliff (Appletree Answers)、Adeo Ressi (The Founder Institute)、Paul Rimington (Diemasters Manufacturing)、Attila Safari (RegOnline)、Paul Saginaw (Zingerman's Community of Businesses)、Nancy Sharp (Food-for-Thought Catering)、Kyle Smith (Reell Precision Manufacturing)、Bruce D. Snider (Custom Home magazine)、Janet Spaulding (Videolarm)、Paul Spiegelman (Beryl Health)、Jeff Swain (Niman Ranch)、Todd Taskey (Solutions Planning Group)、Bob Wahlstedt (Reell Precision Manufacturing)、Tom, Larry, and Kevin Walter (Tasty Catering)、John Warrillow (Warrillow & Co.)、Ari Weinzweig (Zingerman's Community of Businesses)、Bob Woosley (iLumen)、Ed Zimmer (ECCO)。

我以數位方式記錄了多數採訪內容。我很快就發現，如果我要獨自抄錄所有訪談的話，這本書可能永遠也寫不完。幸好，我找了幾位認真可靠的夥伴來幫我抄錄訪談，謝謝 Margaret Gompertz、Jane Shahi、Jenniffer May、Tricia Otto、Steven Terada 等人的幫忙。

即使有抄錄夥伴的幫忙，撰寫這本書的時間還是遠比我最初預期的還長。感謝出版商 Adrian Zackheim 始終支持我寫下去，我對他和 Portfolio 出版社的優秀團隊（包括 Will Weisser、Jacquelynn Burke、Brittany Wienke、Jesse Maeshiro、Noirin Lucas、Jeannette Williams、Roland Ottewell、Alissa Theodor、封面設計師 Pete Garceau）感激不盡，當然還有 Adrian 的卓越編輯團隊，我有幸與其中三位合作：Courtney Young、Brooke Carey、Natalie Horbachevsky。他們都很棒，但我這裡要特別感謝 Natalie，她從頭到尾引導我，直到出版的最後階段，並以她精鍊的編修技巧，大幅改善了整本書。

任職於 Kneerim, Williams & Bloom 公司的頂尖文學經紀人 Jill Kneerim 在 Hope Denekamp 的協

助下，始終給我無盡的支持和鼓勵。若是沒有他們，我肯定會茫然失措。我也想感謝 Bart Nagel 讓我在書衣上看起來特別體面，謝謝芝加哥 Goltz Group 的創辦人兼執行長，他不僅幫我想了上一本書名《小，是我故意的》（*Small Giants*），也建議我這本書採用《大退場》（*Finish Big*）當書名。但願芝加哥小熊隊也有類似的贏球紀錄。

沒有人比我結褵四十四年的妻子 Lisa Meisel 更高興看到這本書的出版。她在我專心寫作時，負起了含飴弄孫的多數責任。幸好，我們有個乖巧的孫子歐文，以及兩個乖巧的孫女琪琪和菲奧娜。他們就像我兒子傑克和媳婦瑪麗亞以及我女兒凱特和女婿麥特那樣，帶給我們無限的歡樂。現在我們又新添了一個孫子 Jack Arthur Knightly。這些孩子讓我做的一切變得有可能，也更有意義。

國家圖書館出版品預行編目（CIP）資料

大退場：創業家如何急流勇退 / 鮑．柏林罕 (Bo Burlingham) 著；洪慧芳譯．-- 初版．-- 臺北市：早安財經文化，2017.11
面；　公分．--（早安財經講堂；76）
譯自：Finish big : how great entrepreneurs exit their companies on top
ISBN 978-986-6613-92-0(平裝)

1. 創業　2. 中小企業管理

494.1　　106017981

早安財經講堂 76
大退場
創業家如何急流勇退
Finish Big
How Great Entrepreneurs Exit Their Companies on Top

作　　者：鮑・柏林罕 Bo Burlingham
譯　　者：洪慧芳
特約編輯：周詩婷
封面設計：Bert.design
校　　對：陳玉昭
責任編輯：沈博思、劉詢
行銷企畫：楊佩珍、游荏涵

發 行 人：沈雲驄
發行人特助：戴志靜、黃靜怡
出版發行：早安財經文化有限公司
台北市郵政 30-178 號信箱
電話：(02) 2368-6840　傳真：(02) 2368-7115
早安財經網站：www.goodmorningnet.com
早安財經粉絲專頁：http://www.facebook.com/gmpress

郵撥帳號：19708033　戶名：早安財經文化有限公司
讀者服務專線：(02)2368-6840　服務時間：週一至週五 10:00~18:00
24 小時傳真服務：(02)2368-7115
讀者服務信箱：service@morningnet.com.tw

總 經 銷：大和書報圖書股份有限公司
電話：(02)8990-2588
製版印刷：中原造像股份有限公司
初版 1 刷：2017 年 11 月

定　　價：450 元
I S B N：978-986-6613-92-0（平裝）